一学就会的
创 新 力

许长荣　编著

光明日报出版社

图书在版编目（CIP）数据

一学就会的创新力 / 许长荣编著 . -- 北京：光明日报出版社，2012.6（2025.1 重印）

ISBN 978-7-5112-2371-5

Ⅰ.①一… Ⅱ.①许… Ⅲ.①创造能力 Ⅳ.① G305

中国国家版本馆 CIP 数据核字 (2012) 第 076431 号

一学就会的创新力

YIXUE JIUHUI DE CHUANGXINGLI

编　著：许长荣

责任编辑：李　娟　　　　　　　　　责任校对：文　朔

封面设计：玥婷设计　　　　　　　　封面印制：曹　净

出版发行：光明日报出版社

地　　址：北京市西城区永安路 106 号，100050

电　　话：010-63169890（咨询），010-63131930（邮购）

传　　真：010-63131930

网　　址：http://book.gmw.cn

E‑mail：gmrbcbs@gmw.cn

法律顾问：北京市兰台律师事务所龚柳方律师

印　　刷：三河市嵩川印刷有限公司

装　　订：三河市嵩川印刷有限公司

本书如有破损、缺页、装订错误，请与本社联系调换，电话：010-63131930

开　　本：170mm×240mm

字　　数：195 千字　　　　　　　　印　　张：14

版　　次：2012 年 6 月第 1 版　　　　印　　次：2025 年 1 月第 4 次印刷

书　　号：ISBN 978-7-5112-2371-5

定　　价：45.00 元

前　言

PREFACE

有位创造学家做了这样一个试验：

他在黑板上用粉笔画了一个圆点，问在座的高中学生："这是什么？"

高中学生们异口同声地回答："粉笔点。"

创造学家又来到幼儿园，用同样的问题问在座的小朋友们。

小朋友们的回答五花八门：

"是圆面包。"

"是小纽扣。"

"是老师的眼镜。"

"是天上的太阳。"

"是大灰狼的眼睛。"

……

答案竟有几十种。

创造学家感慨地说："儿童们在受教育之前像一个问号，而在毕业之后却像一个句号。"

如果你来回答这个问题，你会怎么回答呢？是孩子们异想天开而新鲜有趣的答案呢，还是高中生了无新意且统一死板的答案呢？你知道是什么导致幼儿园小朋友和高中生答案的差异吗？是创新力！小朋友们生活、学习经历比高中生少，但他们表现出比高中生更丰富的创新力。因为拥有这些无所限制的创新力，小朋友们的答案比高中生的更加奇特精彩，更加妙趣横生。请问，你拥有这些创新力吗？

创新力是指人在顺利完成以原有知识、经验为基础的创建新事物的活动过程中表现出来的潜在的心理品质。创新力是人类能力中层次最高的一种能力，它是一种对现状的突破力，是一种不走寻常路的魄力，是一种勇于超越的能力。

几千年来，人类以自己的智慧改造着自己和这个世界。综观人类文明进步的历史长卷，无论是在茹毛饮血、钻木取火的原始社会，还是在信息技术高度发达的 21 世纪，我们都随处可见伴随着社会发展的日新月异而激动跳跃的永恒之魂，那种让我们惊叹和感动的神奇力量——创新力。

在这个优胜劣汰的世界里，创新力就是一种生存的能力。正所谓"成也创新，败也创新"，创新制约着个人、企业、社会的生存与发展。个人能否在职场竞争中出类拔萃，企业能否在市场洪流中脱颖而出，社会能否在历史浪潮中阔步前进，从根本上来讲取决于有没有创新力以及创新力的高低。

当然，创新力的高低在不同的环境下形式和内容也各不相同。但对个人、社会和国家而言，创新力越高，其所拥有的竞争力就越强，所占有的优势就越明显。美国和日本，因为拥有世界上数量最多的创造发明者而具有强大的创新力，所以它们一直走在世界的前列。

认识到创新力的重要性和必要性，我们就应该有针对性地去挖掘、提升自身的创新力。很多人认为自己没有创新力、年龄太大、不是专业人才、没有高学历、没有机会，等等。其实，他们都走进了思想的误区，美国著名发明家富兰克林在 80 多岁的时候发明了双焦距眼镜，电话的发明者贝尔原来只是一个对电学一窍不通的中学老师，"发明大王"诺贝尔只接受过 3 个月的正规学校教育……

实际上，我们每个人都拥有无穷无尽的创新潜能，它可以随时随地在我们的生活、工作和学习当中迸发出创意的火花而使我们有所创造。创新潜能就像埋藏在后花园的宝石，需要你拥有一个善于思考的头脑和一种正确有效的方法去挖掘它。

本书中，我们在科学研究与成功实践的基础上，提供给读者朋友们一种创新力的提升方案：我们将提升创新力的过程比喻为攀爬阶梯的过程，每攀爬一级阶梯，离创新力的顶峰就会靠近一步，直至达到顶峰，登峰造极。

在本书中，我们创造性地把创新力提升方案分为 4 个阶梯。

阶梯一：把握好影响创新力的 4 大关键能力。这 4 大能力是创新力的基石，包括思考力、观察力、想象力和多元思维能力。

阶梯二：突破思维定式，培养创新意识。4 大思维定式包括从众定式、权威定式、经验定式和书本定式。

阶梯三：把握好影响创新的 5 大因素，包括性格、习惯、心态、潜能开发和思维。

阶梯四：主动、积极地为创新寻找方法，方法包括细节法、组合法、模仿法和团队合作法。

阶梯一的 4 大关键能力是创新力的基石，是提升创新力的前提；阶梯二中的思维定式是创新力的思维枷锁，只有打破枷锁，我们才可能放飞创意思维，形成一种创新的自觉意识；阶梯三中的性格、习惯等 5 大因素是决定创新力的内在原因，它们是提升创新力的砝码、风向标，只有把握好这 5 种内因，创新力才能节节攀升；阶梯四为我们提供了一些行动方法，只有掌握了这些方法，我们才能自动自发地提升创新力。

准备好了吗？那就翻开这本书，开始提升创新力的攀登之旅吧！相信只要我们一步一个脚印，踏踏实实地踩稳这 4 级阶梯，最后我们一定会到达成功的巅峰！

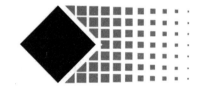

目 录
CONTENTS

第4章　唤醒创新意识的4种黄金心态

第5章 锻造全面提升创新力的思维导图

第 1 章

提升创新力，给成功插上飞翔的翅膀

创新力，即创新的能力，就是突破现状、独辟蹊径并不断地超越的能力，是一种不走寻常路的魄力。在社会竞争日益激烈的今天，创新力就是竞争力和战略资源，是成功的基础。在竞争中，创新者总是善于捕捉成功先机，快人一步，因而更易于成功。从某种程度上说，不创新就会被淘汰，创新无处不在，无时不在。同样也只有创新，才能突破困局，使危机变成商机。

具体到行动中，创新就像爬楼梯，只要你踏实地踩稳每一个阶梯，就能登上创新的高峰。思考力、观察力、想象力、多元思维能力是创新力的4大基石；突破思维定式尤其是从众定式、权威定式、经验定式和书本定式，培养创新意识，才能放飞创新思维；性格、习惯、心态、潜能和思维决定着创新力的提升，是创新力的内在原因。具体到方法上，只有通过细节法、组合法、模仿法、团队合作法等方法积极主动地出击，才能提升创造力。

第1节 认识创新力

"创新力"这个词我们并不陌生，从马拉木车到蒸汽火车，从原始人打磨出的石器到鲁班发明的锯子，从中国的火药到西方的大炮，这些都是创新力起作用的结果。创新力就是突破现状，独辟蹊径，并不断超越的能力。

创新力：创新的能力

有一只乌鸦长得不好看，但特别聪明。一天，它干完活又累又渴，真想喝水。它在丛林里到处找水，忽然看见一只大水罐，满心欢喜。它飞到水罐旁，一看罐里的水不多了，罐口又窄，嘴探不进去喝不到水，怎么办呢？它使劲地用翅膀推水罐，又用身体撞水罐，想把水罐弄倒，好喝水。可是水罐又大又重，它的力量太小了，弄不倒这罐子。忽然，它想出了一个好主意：叼些石子放到罐子里，石子多了，罐子里的水不就升高了吗？于是它不厌其烦地用嘴一块一块叼着石子，将石子投进了罐子中。水上升了，它痛痛快快地喝了个够，解了渴。

这是一篇我们小时候学过的文章，乌鸦以它的智慧战胜了大自然，为自己的生存赢得了机会。

读完这则寓言故事，相信很多人都会赞叹这是一只聪明、充满智慧的乌鸦。而今我们给这种智慧下一个准确的定义，那就是创新。

创新是指为了一定的目的，遵循事物发展的规律，对事物的整体或其中某些部分进行变革，从而使其得以更新与发展的活动。而创新力是创新的能力，它是指人在顺利完成以原有知识、经验为基础的创建新事物的活动过程中表现出来的潜在的心理品质。

创新力是现代社会快速发展的核心动力，是方法、技术、理念创新的能力。创新力是社会、企业和个人保持竞争优势和成长活力所必需的，也是社会、企业和个人长远发展的根本所在。

创新力能够为我们的成功创造机会。

佛瑞迪是一个只有 16 岁的少年，在暑假来临的时候，他对爸爸说："爸，我不要整个夏天都向你伸手要钱，我要找个工作。"

父亲从震惊中恢复过来之后对佛瑞迪说："好啊，佛瑞迪，我会想办法给你找个工作，但恐怕不容易，现在正是人浮于事的时候。"

"您没有弄清楚我的意思，我并不是要您给我找个工作，我要自己来找。再说，您也不要那么消极，虽然现在人浮于事，但我还是可以找个工作，因为有些人总是可以找到工作的。"

"哪些人？"父亲带着怀疑问。

"那些会动脑筋的人。"儿子回答。

佛瑞迪在"事求人"广告中找到了一个很适合他专长的工作。广告上说求职者要在第二天早上 8 点钟到达 42 街的一个地方。佛瑞迪并没有等到 8 点钟，而在 7 点 45 分就到了那儿，即使如此，那时也已经有 20 个求职者排在前面，他是第 21 位。

怎样才能引起主试者的特别注意而赢得职位呢？佛瑞迪认为，只有一件事可做：动脑筋思索。于是他进入了那最令人痛苦也是最令人快乐的程序：思索。在真正思索的时候总是会想出办法的，佛瑞迪就想出了一个办法。他拿出一张纸，在上面写了一些东西，然后折得整整齐齐，走向秘书小姐，恭敬地对她说："小姐，请马上把这张纸条交给你的老板，这非常重要！"

秘书小姐是一名老手，她感觉到这个小伙子与众不同，脸上流露出一种自信的表情。她把纸条收下了。秘书小姐看了纸条不禁笑了起来，然后立刻站起来回身走进老板的办公室，把纸条放在老板的桌上。老板看了纸条，紧锁的眉头放松了，他大声笑了起来，因为纸条上写着："先生，我排在队伍的第 21 位，在您看到我之前，请不要做出决定。"

毫无疑问，佛瑞迪最后得到了这份工作。这是他善动脑筋的结果，也可说是智慧让他赢得了成功。

佛瑞迪是一个善于挖掘创新力的人，他的这种智慧就是创新力的表现。他充分开发了自己的创新力，改变了解决问题的途径，为成功赢得了机会。

无论学习、工作还是生活，我们都离不开创新力。学习需要创新力，没有创新力的学习就像在拍一只干瘪的皮球，永远不会弹跳起来；工作需要创新力，创新力是一双充满力量的翅膀，可以提升我们工作的竞争力，让我们在事业的天空展翅高飞；生活需要创新力，创新力是一股涌动的清泉，它能为我们单调的生活注入活力，帮我们突破层层困境，让我们在广阔的道路上越走越远，最终走向辉煌。拥有创新力，我们的人生便可永葆勃勃生机，获得连连惊喜。

创新力：一种对现状的突破力

创新的根本是突破。创新不是对过去的简单重复和再现，它没有现成的经验可借鉴，也没有现成的方法可套用，它是在没有任何经验的情况下努力探索的结果，其目标是为未来开辟一条新路。所以说，创新力是一种对现状的突破力。

通常情况下，人们按照自己的常规思路，经历了千万次的试验，可能也没有取得成功，而有时候在某一方面做出某些改变，反而轻易取得了成功，其原因就是这些改变当中包含着意想不到的创造性。因此，当你处于"山重水复疑无路"的境况时，不妨试着勇于打破常规，突破现状，这样很有可能会"柳暗花明又一村"。

古代人穿的衣服上的扣子不仅多，而且难扣，这对在农业时代有大量多余时间的人来说没什么；而对工业化时代，尤其是快速运作的信息化时代的人来说，就显得有些累赘了。

扣子的问题急需改进，于是有人开始思索着寻求突破和改变了。

1893年，美国芝加哥市有个叫贾德森的工程师，他嫌穿鞋时系鞋带麻烦，就在两条布边上镶嵌一个个门形的金属粒子，再利用一个两端开口、前大后小的元件，让它骑在金属牙上，通过它的滑动使两边的金属牙啮合在一起，从而发明了"滑动系牢物"。人们把这一发明叫"可移动的扣子"。但是，贾德森发明的可移动的扣子存在着一些严重的缺点，如闭合不妥帖，易自动爆开，故用途不大。

20年后，瑞典工程师纳逊德在贾德森的基础上进行突破，经过不断创新和改进，终于使正式的"拉链"诞生了。拉链很快在世界上广泛流行起来。衣裤、背包、裙子、鞋子、枕套、沙发垫、公文包、笔记本……众多物品都用上了拉链。詹金斯医生还发明了"皮肤拉链缝合术"。今天，拉链的用途还在进一步扩展。

没有改变就不会有进步，没有对现状的突破也就谈不上创新力的发挥。创新的过程就是不断地突破一个又一个难关的过程。

假如公司陷入困局，作为公司的一员，是被动待命，还是主动请缨？相信一个不墨守成规、敢于突破常规的员工一定会调动所有的创新潜能，积极思考、出谋划策，帮助公司摆脱困境，突破现状。这种善于在工作中创新的人往往能独当一面，给企业带来无限生机。

约翰·里德对于花旗银行就是如此。

1965 年约翰·里德从麻省理工学院毕业后进入了花旗银行。不久，时任花旗银行总裁的威斯顿召见了他，并说："我们需要一个最好的财务系统和预算系统，这个任务就交给你了。"

约翰·里德进行了大量的研究，在以前的财务系统和预算系统的基础上进行了很多创新性的改动。最后，他这个非常具有创意和远见的新系统得到总裁的肯定和称赞。

后来，花旗银行出现了亏损。于是约翰·里德自告奋勇，担任一个部门的负责人。上任后，他立即对内部进行了整顿。

他解散了以前的后勤部，重新组建了一个由几十位年轻的工业自动化专家组成的后勤部。接着，他对客户银行进行了整顿，把花旗客户银行变成了当时世界上第一家大规模使用高级计算机传呼机的银行。

他这一系列的创新给花旗银行带来了无限生机和活力，并且收到了很好的成效。

在约翰·里德担任客户银行负责人时市场上刚有了信用卡，里德就将之大胆引进。虽然有一段时间由于利率上升而导致亏损，但里德并没有放弃。

最后，事实证明他的这个改革和创意是卓有成效的，其不仅给企业带来了蓬勃的生机，而且使花旗银行每年的营业收入和利润都保持在良好的水平。

约翰·里德一次次的创新让花旗银行走出了困境并找到了新的赢利点，同时也给他的人生带来了活力。凭借创新的翅膀，约翰·里德登上了花旗银行 CEO 的宝座。

约翰·里德无疑是一个充满创新力的人，他一次次带领公司突破现状。

当这些突破力构成强大的创新力时，他的公司也逐步走向了辉煌。

事实一再证明，富有创新精神的人都是不安于现状的人，他们敢于冒着风险和压力冲破层层障碍。当他们突破现状，取得创新的胜利时，他们的人生才会熠熠生辉；他们所供职的企业才会独占鳌头，成为市场的佼佼者。

创新力就是不走寻常路的魄力

一个哲人曾经说过："你只要离开常走的大道，潜入森林，你就肯定会发现前所未有的东西。"

不同寻常的想法，不同寻常的点子，不同寻常的技艺，不同寻常的眼光，不同寻常的招法……这些都体现了不走寻常路的魄力。这种魄力能给你带来创新的机会，因为创新力就是不走寻常路的魄力。

当人们开始厌倦那种单调的圆形或方形装饮料包装时，2001 年 8 月，中国市场上出现了一种将河流、山川与海浪搬到新包装上的瓶嘴加大的小瓶装。其国际流行化的山水雕塑型设计蕴涵着清新、天然、健康的饮水文化，绿色的标签尽显天然之美。不少消费者"咕隆咕隆"喝完了还舍不得丢掉瓶子，反复把玩不已，令人爱不释手。这便是乐百氏奉献给消费者的又一杰作！

新瓶子除了体现青山绿水的感觉与寓意外，消费者还惊喜地发现，新瓶子的瓶口加大了，以后可以畅快淋漓地喝到带冰的水了。

另外，标签上还有一个"发财"的秘密，那就是"有源相会"健康游促销信息。拿到这个瓶子，消费者就有可能得到时尚手表、多功能时尚彩照包、透明电话本、晶莹流动杯垫等礼品，甚至有机会免费畅游号称"人间仙境"的香格里拉，进行一次别开生面的健康游。

乐百氏新包装的创新之处在于：将喝水表达为喝一种艺术、喝一种时尚、喝一种健康、喝一种大自然的恩赐！赋予商品以文化气息，提高商品的品位，一个新瓶子、一个新点子，就能带来新的生机。乐百氏这种不走寻常路的魄力就是创新力。

成功需要创新，需要独辟蹊径，走别人没走过的路。只有这样，才能发现新的机会。

1962 年，沃尔顿开设了第一家商店，名为沃尔玛百货。1969 年就发展至 18 家分店。到 1992 年沃尔顿去世时，他已将分店扩大到 1735 家，年营业额达 400 亿美元。在很短的时间里，他所创立的公司就超过了美国的大商行凯马特公司和西尔斯公司，成为零售行业中当之无愧的龙头老大。

沃尔顿的成功秘诀很简单：他避开经济相对发达的地区和城市，主要在美国南部和西南部的农村地区开设超级市场，并把发展的重点放在城市的外围，等待向城市扩展。他这一有着长远眼光的发展战略不但使其避开了创业之初与实力强劲的竞争对手的拼杀，而且独自开发了一个前景广阔的市场。最终，沃尔顿获得了令人难以置信的成功。

日本索尼公司创始人井深大和盛田昭夫，从一开始经营就立志于"率领时代新潮流"，不落入一般企业的俗套。有一次，井深大在日本广播公司看见一台美国造录音机，立即抢先买下了其专利权，随之生产出日本第一台录音机。产品投放市场后很受消费者欢迎。1952 年，美国研制成功"晶体管"，井深大立即飞往美国进行考察，又果断地买下这项专利，回国后仅用数周时间便生产出第一支晶体管，销路大畅。当其他厂家也转向生产晶体管时，他又成功地生产出世界上第一批"袖珍晶体管收音机"。这种"人无我有、人有我转"的创新魄力，使索尼的新产品总是以迅雷不及掩耳之势投放市场，赢得了巨大的经济效益。

这些成功人士的经历告诉我们："只有走别人没走过的路，才能摘到最大、最甜的果子。"

无论是创业还是经营人生，我们都要牢牢记住：随大流、一窝蜂是看不到风景的。只有不走寻常路，想众人所未想、行众人所未行，才能领先于他人，永远呼吸到最新鲜的空气。而只有拥有创新力的人，才会拥有这种不走寻常路的魄力。

创新力是一种超越的能力

有个人写了一首歌，但一直得不到赏识，无法发表。柯亨买下它，在它的基础上加了点东西，使无人问津的歌曲成为当时最风行的流行歌曲。他加上的东西仅仅是 3 个词："HIP, HIP, HOORAY"（嗨！嗨！万岁！）。

但就是这 3 个表示欢乐的词改变了这首歌曲的命运，柯亨小小的创新超越了原作者，取得了出乎意料的成功。

在贝尔之前，有许多人声称他们发明了电话。那些取得了优先专利权的人中，有格雷、爱迪生、多尔拜尔、麦克多那夫、万戴尔威和雷斯。其中，雷斯是唯一接近成功的人，而造成巨大差异的微小差别是一个单独的螺钉。雷斯不知道，如果他把一个螺钉转动 1/4 周，把间歇电流转换为等幅电流，那么他早就成功了。

贝尔创造性地将螺钉转动 1/4 周，保持了电路畅通，并把间歇电流转换成了再生人类语言唯一的电流形式——等幅电流。雷斯没有坚持下去，即使他已经取得了很大的成功，但那还不是创新。而贝尔没有停止研究的步伐，超越再超越，结果创新了人类的通话方式。

超越就像把别人已搁置的 99℃ 的热水烧到 100℃，虽然仅是 1℃ 的差别，但就是这 1℃ 实现了质的飞跃。这种超越就是一种创举，就是创新力的体现。

所以，如果你站在成功的门槛上不能超越过去，那么就努力加上一点创新，突破原有的局限，这样便可实现超越。

我国民族汽车正是通过不断创新实现不断超越的。

2006 年 6 月 26 日，中国第一台自主品牌涡轮增压汽油发动机华晨 1.8T 在沈阳正式投产，华晨汽车再次成为业界关注的焦点。

中国民族汽车工业如何自主创新，自主品牌的强盛之路到底应该怎么走，这是一个曾经困扰中国汽车界多年的问题。

从诞生之日起就肩扛高起点自主创新大旗的华晨汽车，10 多年间的风雨坎坷一度让业内外对其战略路径充满怀疑甚至不乏种种责难。

时至今日，随着华晨尊驰、骏捷挟"品质革命"之利刃在中高级轿车市场上的强势崛起，"金杯"品牌在商务车市场连续 10 年以超过 50% 的份额几乎成为一个行业代名词。金杯旗下的阁瑞斯在 MPV 领域发展迅猛，以及"国内一流，国际同步"1.8T 发动机的横空出世，华晨汽车品质、品牌、技术的全面突破让一切争议变得无谓，诸种责难化为钦羡。因为，自主之路没有捷径，高起点创新终将超越一切。

在整车开发取得不断突破之后，华晨以非凡的魄力将创新的目光聚焦在少人问津的发动机领域，并锁定在最具挑战性的涡轮增压汽油发动机技术上。"中国的汽车产业要是没有核心技术，就要一辈子让别人掐着脖子，被别人左右。掌握不了最核心的发动机技术，民族汽车工业始终只能是浮华空论。发动机技术是制约中国汽车产业参与国际竞争的短板，华晨要做的，就是要用高起点自主创新来补上这个短板，让华晨汽车这个自主品牌装上中国人自己的涡轮发动机，成为真正'根正苗红'的自主品牌。"

华晨的发动机研发起步就与世界同步。它联手国际内燃机三大权威研发机构之一的德国 FEV 发动机技术公司，经过三年潜心砥砺，拥有独立知识产权的 1.8T 发动机于 2006 年 6 月 26 日正式投产。华晨 1.8T 发动机的推出，改变了汽车"中国心"孱弱的历史，标志着中国汽车迎来了"强擎时代"，开始与国际巨头争夺产业"制空权"。

不断创新、不断超越，敢于与国际巨头并驾齐驱，这就是华晨的成功之所在。

创新缔造进步，创新成就超越。我们只有激流勇进、独辟蹊径，才能把创新力转化为超越能力，从而获得成功。

第 2 节 创新，刻不容缓

创新是人类的本能，自从有了人类便有了创新，我们生活在一个创新无处不在、无时不在的社会里。人类唯有创新才能进步，社会唯有创新才会发展。创新是突破困局的唯一出路，创新能使危机变商机，不创新就只能惨遭淘汰。所以，创新，刻不容缓。

创新无处不在，无时不在

人类社会发展进步的历史就是不断创新的历史。人类学会了驾驭马匹以代替步行，当他们觉得马车仍不够快时，他们就幻想着能够像鸟一样自由地飞，于是就有了汽车，有了飞机。人类社会就在不断地创新中得到了飞速的发展。

人们从科学技术日益迅猛的发展进步中，越来越深切地感受和认识到创新的重要和可贵。有识之士提出了响亮的口号："创新是 21 世纪的通行证。"

说到创新，我们会想起牛顿，想起爱因斯坦，仿佛觉得创新就是这些人的专利。其实不然。创新无处不在，无时不在，只是我们往往会忽略它，感觉不到它的存在。尽管如此，我们每个人每天仍在有意无意、或多或少地进行着创新的思维和活动。

英国一位古稀老人在电视上看到主持人摊开地图介绍地球，他觉得这样很不方便，且不直观。于是，他着手发明地球仪。经过广告宣传，订单像雪片似的从世界各地飞来，一年的营业额高达千万英镑。

清洁剂工厂的老板迈克经过长期观察，发现使用清洁剂为厨房去污时，顾客所花费的精力不少，而效果却达不到最好。他一直想尝试做一些改进，却始终想不出有什么好的主意。一天，迈克看到妻子使用面膜清洁面部，忽然灵机一动：传统的清洁产品都是从"洗"的角度去污的，为什么不能从防污的角度来保持用具的干净呢？根据这条思路，迈克的工厂研制出了一种新的清洁用品：只需将其均匀地喷在厨房用具表面，5 分钟后会自动形成一层透明的薄膜，它可以成功地阻挡灰尘和油污。当污物积累到一定程度时，只需揭下薄膜，轻轻松松就能达到清洗的效果。这种防污薄膜在清洁品市场上一炮打响，大受顾客青睐。

在中国，有一位橘子罐头厂的技术人员在逛市场时，发现鱼头比鱼身贵，鸡爪比鸡肉贵。由此，他想到厂里每年都要遗弃大量的橘子皮，是不是可以废物利用，创造新的价值呢？经过广泛的资料收集，他了解到橘皮中含有丰富的维生素，橘络中含有大量食物纤维，有理气消滞、增进食欲等功效。经过几个月的技术攻关，他成功地研制开发出了珍珠陈皮罐头，价格是橘子罐头的 10 余倍。

日本家庭妇女世绍嘉美贺用洗衣机时常常遇到棉絮之类讨厌的东西，她没有停留在只唠叨而不解决问题这个层次，而是设法动手解决它。她联想到孩提时在家乡捕蜻蜓和小鱼用的网兜，从这里起步，她 3 年中做了无数个小网反复试验，最后发明了洗衣机的"吸毛器"。这种产品投入市场后，大受欢迎。

有一个人在一家小酒店喝酒的时候，无意中看到一位客人正拿出一枚邮票想贴到信封上寄走。可是，他摸遍了衣服所有的口袋，才发现忘了带剪刀。犹豫片刻，他取下了别在西服领带上的一枚别针，在各邮票连接处刺了一行一行的小孔，很整齐地把邮票扯开了。这一幕给予这个人一个重大的启示。时隔不久，一种新的机械——邮票打孔机在他的实验室里被制造出来。从此以后，人们可以很方便地把每枚邮票分开，原因就在于邮票与邮票之间那些整齐的齿纹。这个人就是 19 世纪英国著名发明家亨利·阿察尔。

由此可见，创新无处不在，无时不在。生活中并不缺少创新土壤，只要你有一双善于发现的眼睛和一个善于思索的头脑，那么在生活的各个角落里，你都可以收获创新所带来的丰硕成果。

曾经有人说过："我不知道世界上是谁第一个发现了水，但肯定不是鱼。因为它一直生活在水中，所以始终无法感觉水的存在。"

其实不只是鱼，人类也存在同样的问题。由于受到传统思维方式的限制，很多可以为我们所利用的创新源头一直在我们的身边，却被我们视而不见或盲目地排斥甚至堵住，遏制了创新本身的发展势头。

挣脱这种"传统"的桎梏，站到另一个不同的立场和角度去观察和思考，可能在别人眼中再普通不过的地方，在大家看来再自然不过的事情，对于一个时刻准备用自己的脑力去创造奇迹的人，都是一次难能可贵的机会。

创新存在于我们每天的吃饭、走路、工作甚至是睡眠中。从现在起，不要再对身边的事情视若无睹，用我们高速运转的灵活头脑和睿智的眼光去主动地寻找机会吧！当有一天尘封在大脑深处的创意被激发时，我们一定要引导它，把它应用到实践中去，让创新无处不在，无时不在！让我们的创新思想永远处在"现在进行时态"。

现代社会是创新的社会

早在远古时期人类就渴望创新，原始的神话和宗教中充满了许多神奇的创造故事。古希腊神话中有个名叫雅典娜的智慧女神，据说她凭着自己的无限智慧教给人类进行各种创造发明的本领；我国古代亦有盘古手执双斧，按自己的构想创造出日月星辰、山川田地、草木金石的神话。

我们回顾一下历史不难发现，人类从走出原始的洞穴到住进豪华的别墅，从脱下遮羞的树叶到穿上华丽的盛装，从钻木取火、茹毛饮血到使用现代化的各种科学技术，没有一项成果的取得离得开创新。创新活动就像一台永不停息的发动机，带动了科学技术的飞速发展和社会生产力的巨大飞跃。

可以说，现代的人类社会已步入创新时代，人类的历史正在比以往任何时候都更快地发展着。全球经济一体化、信息时代的到来，"知识爆炸"，新的职业、新的技术以前所未有的速度不断产生，人类的思维方式、生活方式和工作方式也随之发生变化。无论是我们每个人，还是一个团体，在这个充满变化、日新月异的社会中都将面临生存的考验。如何发展创新思维，将直接关系到我们的事业是"死"是"活"，因为只有创新才能激活自己的潜在思维和才智，从而激活自己全身的能量。在今后的道路上，每个人都是投石问路者，或难或易，或明或暗，或悲或喜，仿佛不停地挣扎在一个个"陷阱"之中，因此我们要用有效的创新点击思维的火花，飞越生存的梦想。谁要抓住创新思想，谁就会成为赢家，谁要拒绝创新的习惯，谁就会平庸！

在创新的社会，唯有与众不同才能出奇制胜，唯有独树一帜才能在竞争浪潮中立于不败之地。

在美国得克萨斯州的第二大城市达拉斯有一家小有名气的牛排店，名叫"肮脏牛排店"。牛排店取名为"肮脏"，岂不令人倒胃，谁还敢光顾？然而事实与人们的想象迥异，这家店的生意不仅很红火，老板因此发了大财，而且它还成为备受赞誉的成功企业呢！

"肮脏牛排店"看来是"名副其实"的：店里不使用电灯，点的是煤油灯，显得灰暗；抬头看，店里天花板上全是很厚的灰尘（是人造的，不会掉下来）；四周的墙壁粘有乱七八糟的纸片和布条，还挂有几件破旧的装饰品，如锄头、牛绳、印第安人的毡帽和木雕等；里面的桌椅都是木制的，做工粗糙，仿古色的，坐上椅子还会"吱吱"作响；厨师和侍者穿的衣服像是从没换洗过的。

最醒目的是"肮脏牛排店"的明文规定：顾客光临不准戴领带，否则"格剪勿论"。有些好奇或持怀疑态度的顾客偏系上领带进去试个究竟，岂料真的有两位笑容可掬的小姐迎面而来，她们一人持剪刀，一人拿铜锣，只见锣响刀落，试探者的领带已被剪下一大段。站在一旁当班的经理立刻递给被剪掉领带的顾客一杯美酒，以敬酒给他压惊，并表歉意。这杯酒是不收费的，其实这杯酒的价钱足够赔偿顾客的领带损失。那段被剪下的领带则连同该顾客签了名的名片被贴到墙上留念。被剪了领带的顾客，无论是好奇者、试探者或不知这里规矩的，绝不会因这一举动而生气，相反会觉得好笑。这里墙上粘满的纸片和布条，原来就是这样的纪念物。

"肮脏牛排店"虽伪装肮脏陈设，但其供应的牛排食品却是美味至极，使人难以忘怀的。正因如此，其店终年门庭若市，生意应接不暇，收入丰厚，店名亦广为传播。

以"肮脏"二字命名牛排店确实让人大跌眼镜，但这就是一种创新，不落俗套，不但调动了人们的好奇心，起到了很好的广告作用，而且带来了丰厚的经济效益。

现代社会是创新的社会，只有那些敢于创新的人才能在激烈的竞争中脱颖而出，才能不断地延伸和拓展职业空间，才能在一定的环境和条件下更好地生存与发展，才能在创业的道路上有着更多的创造。

创新是突破困局的唯一出路

柯特大饭店是美国加州圣地亚哥市的一家老牌饭店。由于原先配套设计的电梯过于狭小和老旧，无法适应越来越多的客流，于是，饭店老板准备改建一个新式电梯。他重金请来全国一流的建筑师和工程师，请他们一起商讨该如何进行改建。

建筑师和工程师的经验都很丰富，他们讨论的结论是：饭店必须新换一部大电梯。为了安装好新电梯，饭店必须停止营业半年时间。

"除了关闭饭店半年就没有别的办法了吗？"老板的眉头皱得很紧，"要知道，这样会造成很大的经济损失……"

"必须这样，不可能有别的方案。"建筑师和工程师们坚持说。

就在这时候，饭店里的清洁工刚好在附近拖地。听到了他们的谈话，他马上直起腰，停止了工作。他望着忧心忡忡、神色犹豫的老板和那两位一脸自信的专家，突然开口说："如果换了我，你们知道我会怎么来装这个电梯吗？"

工程师瞟了他一眼，不屑地说："你能怎么做？"

"我会直接在屋子外面装上电梯。"

工程师和建筑师听了顿时诧异得说不出话来。

很快，这家饭店就在屋外装设了一部新电梯。在建筑史上，这是第一次把电梯安装在室外。

把电梯装在室外，这个绝妙的创新点子成了突破困局的唯一出路。

生活总会碰到形形色色的问题，面对各种各样的困局。面对困局，人们会如何选择呢？有人会选择逃避，无法解决还不如选择不面对；有人会随便解决，有方法总比没方法强；有人则会找到最好的方法来解决，他们认为问题总会有最佳解决方案。第三种人无疑是最认真负责、勤于思索的人，因而也是最快找到解题捷径的人。

那如何才能找到最好的方法并用它来解决棘手的难题呢？创新无疑是至关重要的。很多时候，创新能帮助你解决问题，帮助你脱困。

1970 年，韩国现代集团的创始人郑周永投资创建了蔚山造船厂，目标是造 10 万吨级超大油轮。很快，船厂就建起来了。但由于当时很多人对韩国人自己造这么大吨位的油轮持怀疑态度，因此几个月过去了，竟然连一个客户都没有。

这下可急坏了郑周永。因为建造船厂的大量资金用的是银行贷款，一旦长时间接不到订单，不仅银行的巨额资金无法归还，甚至会使自己陷入破产的境地。

该怎么办呢？郑周永冥思苦想。突然，他从自己收藏的一堆发黄的旧钞票中看到了一张 500 元纸币，纸币上印有 15 世纪朝鲜民族英雄李舜臣发明的龟甲船。龟甲船是古代的一种运兵船，当时李舜臣就是用它粉碎了日寇的侵略。

聪明的郑周永意识到这是一个绝好的机会，他一面叫人根据这张旧钞的内容制造了大量宣传品，一面拿着这张旧钞四处游说，宣传朝鲜民族在 400 多年前就已经具备了造船能力，因此现在完全有能力建造现代化大油轮。

经过反复宣传，郑周永很快拿到了两张 13 万吨级油轮的订单。

郑周永的创新不仅使自己的船厂绝处逢生，而且为国家争得了荣誉。从此，韩国步入了造船强国的行列。

困局往往会成为前进的绊脚石，但也是成功的转折点。面对困局，首先要冷静思考，然后找出问题的症结所在，最后再选择适当的解决方法。当面对困局百思不得其解时，一定要学会运用创新，因为这时创新可能就成为冲破困局的唯一途径。

不创新，就淘汰

古巴女排在 20 世纪 90 年代称霸排坛整整 10 年。从 1991 年世界杯开始到 2000 年悉尼奥运会，古巴女排垄断了女排三大赛全部世界冠军，成为当之无愧的王者。她们为什么能称霸排坛整整一个年代呢？因为古巴女排根据排球的规则和自身的特点，创造出了独一无二的"四二配备"组合，这种组合一定程度上优于传统的"五一配备"。此外，10 年间古巴又不断出现了众多天才球员。两者结合使古巴女排成就了 10 年辉煌。

独一无二的"四二配备"成全了古巴女排，因为当时很多人认为这是排球战略的新突破，代表了新的发展趋势。然而，这个特殊的打法在后期却成为古巴女排前进的包袱。1998 年国际排球实行史无前例的大改革，采用每球得分制、运用自由人等新规则，排球比赛更加强调发球和一攻，强弱队之间的差距有所缩小。随着古巴天才球员的退役和流失，古巴女排的统治地位开始动摇。21 世纪以来，古巴女排已经逐步被巴西、俄罗斯、中国等球队超越，沦为二流。

古巴女排的没落一方面因为缺乏天才球员，使"四二配备"的打法没能继续发挥出原来的威力；另一个更重要的原因是连续的夺冠使得古巴女排故步自封，一直没有采用更新的技战术来丰富自己的打法。排球改革之后，排球规则发生了不少变化。由于古巴女排过分自信，对新技术的吸收慢得让人吃惊。排球变成每球得分制之后，各国排球队都开始采用自由人，在技术和队形上不断优化和完善，但古巴队在是否采用自由人这个问题上一直处于观望状态。随着女子技术男子化，跳发球和后排进攻在女排比赛中已经屡见不鲜，而古巴队 2000 年奥运会之后才开始采用跳发，后排进攻更是最近 3 年才得以加强。辉煌之后，自负、不善于吸收新的技战术打法、缺乏创新精神，使得古巴女排逐渐被其他球队抛离。

个人不创新就不会有发展，甚至会被淘汰；团队不创新就会节节败退，不断失利甚至消亡；国家不创新就会停滞不前，落后于其他国家。可见，创新无论对个人、团队还是国家都非常重要。

今天如果不创新，明天等来的将会是被淘汰！任何一家企业都是一样，如果一直抱着过时的产品，故步自封地守着僵化的做法，最后企业就会失去竞争力。与此相反，假如今天创新了，企业明天不仅不会被淘汰，反而会走在时代的前沿。

世界著名的奔驰汽车公司创始人之一、世界公认的"汽车之父"——卡尔·本茨就是一个典型代表。

卡尔·本茨的创业是从自己借钱办起的机械工厂起步的。他是一个非常聪明的人，也十分自信。但过分自信就变成了自负，他不太愿意听取别人的意见，也从不轻易改变自己的想法。

谁知他的工厂没过多久就遭遇了经济萧条。这时候，他的一个朋友劝他说："本茨，其实你可以考虑干别的行业，现在这行不好做。"

卡尔·本茨却不屑地说："我可不那么认为，是整个大环境造成了这种状况，与我的选择无关。"

"但你也可以试试别的啊！或许会有转机。"

"我不可能去做别的行业，我的选择现在是对的，将来也是对的。"

不愿意接受朋友意见的卡尔·本茨依旧开着自己的工厂，可事情并没有朝着他希望的方向发展下去。几年后，由于经营不善，卡尔·本茨无力偿还借朋友的钱，工厂面临倒闭的危险。

直到这一刻，卡尔·本茨才突然觉得朋友的建议可能是对的。于是，他决定改变原有的经营方式。终于，经过十分艰苦的努力，他在前人的基础上研制出了新式发动机。此后，他不断创新，制造出了闻名世界的三轮汽车——"奔驰 1 号"。

如今，汽车已经成为最为普遍的交通工具。当我们看到博物馆里那部只有三个轮子的"奔驰 1 号"时，可能你会说"这么简单的汽车，我也能造出来"。可是，你或许无法想象，这项在我们今天看来易如反掌的创新，在当时就如同现在的火星探测器一样，有着划时代的意义。

作为世界公认的"汽车之父"，卡尔·本茨为人类进步做出了杰出的贡献。他那种敢于改变自己、勇于创新的精神值得我们学习，他的事例也在提醒我们：不创新，就淘汰。所以，在我们遭遇困境时，大胆举起创新的武器吧！

创新使危机变商机

危机在一般人看来是危险，但在创新者看来却是机会。"灭顶之灾"可以奇迹般地变成"商机无限"。当然，这需要好的创意！

古今中外，利用好创意把危机变商机的事例不在少数。

南宋绍兴十年（1140 年）七月，杭州城最繁华的街市失火。火势迅猛蔓延，数以万计的房屋商铺在烈火中化为废墟。有一位裴姓富商苦心经营了大半生的几间当铺和珠宝店也在那条闹市中。当大火燃起，他并没有让伙计和奴仆冲进火海，舍命抢救珠宝财物，而是指挥他们迅速撤离，一副听天由命的神态，令众人大惑不解。之后，他不动声色地派人从长江沿岸平价购回大量木材、毛竹、砖瓦、石灰等建筑用材囤积起来。此后，裴姓商人便整天品茶饮酒，逍遥自在。大火烧了数十日之后被扑灭了，曾经车水马龙的杭州，大半个城已是墙倒房塌，一片狼藉。不几日朝廷颁旨：重建杭州城，凡经营销售建筑用材者一律免税。杭州城内一时大兴土木，建筑用材供不应求，价格陡涨。裴姓商人趁机抛售建材，获利巨大，其数额远远大于被火灾焚毁的财产。

普通人遇到危机往往会怨天尤人，叹息时运不佳，采取能躲就躲，躲不开只好听天由命的态度来对待。而创新者却是另一种态度，他们逆流勇进，积极开发创新思维，用灵敏的触觉感知危机背后蕴藏的商机。所以，创新会扭转危机，化危机为商机。

自从 2001 年发生"9·11"恐怖撞机事件后，每年的 9 月 11 日都会成为各航空公司最头痛的日子。同样，这天对美国一家小型航空公司的市场经理约翰也影响深远。

作为一家小型航空公司的市场部经理，"9·11"不仅使约翰的薪酬锐减，更使得本来聪明能干的他束手无策。航空市场的大萧条，使得约翰所在的美国精神航空公司 (Spirit Airline) 面临的不再是以往如何尽快增长的问题，而是巨大的生存压力。

2002 年的 9 月 11 日就要到了，由于担心恐怖分子在周年当天再次袭击，全美普遍预测，"9·11"当天的上座率将非常低，像约翰所在的中小型航空公司削减航班或赔钱已成定局。有人甚至半开玩笑地对约翰说："贵公司这样的中小型航空公司，9 月 11 日当天全公司休假可能会好一些。"

约翰清楚地知道这一切，甚至知道董事会已经准备提出削减航班的计划。可是，难道就没有一点办法了吗？最终，他想出了一个好主意！

2002 年 8 月 6 日，美国精神航空公司宣布："9·11"周年祭乘机免费！

8 月 7 日，精神航空公司机票预订中心的电话就开始响个不停，公司网站也因为访问者过多而发生网络大塞车；公司 30 架中小型飞机所能提供的 1.34 万个座位，几个小时内就被预订一空。公司领导层对此表示满意，董事会成员和所有公司高级官员决定在 9 月 11 日这一天，亲自到机场为乘坐免费航班的乘客送行。

分析人士认为，这一活动带来的社会效应和广告效应远远超过了公司的机票损失。公司的核算部门估计，免票活动将带来 50 万美元的损失。这笔款项对于这个主要市场仅包括佛罗里达、底特律和纽约的拥有 12 年历史的小航空公司来说，不是一个小数目。但精神航空公司今后得到的回报将远大于 50 万美元，起码大多数乘客在预订免费航班的同时，订购了几天后的回程票。

除此之外，美国大小媒体都在报道精神航空公司"独树一帜"提供免费机票的事情，一时间"精神航空"成了媒体上出现频率最高的公司。这样的宣传效果是绝非 50 万美元可以达到的。可以说，精神航空已经从一个名不见经传的小公司，一夜之间成为全美著名的"爱国航空公司"。

美国某专栏记者说："精神航空的招儿，绝了！"的确，几个星期前，精神航空和所有其他航空公司面临的问题一样：9 月 11 日前后的订票数量奇低，上座率不足 20%。而这一招，使精神航空成为全美 9 月 11 日上座率最高的航空公司。

上述例子中，约翰的创意是在面临危机的情况下产生的。但需要指出的是，不能把危机理解为创意的催化剂，更不能通过制造危机来获取创意。因为通常情况下，"危机"就是"危机"，没有危机才是我们应该追求的。遇到危机时，我们应该做的是直面困境，想方设法寻找突破困境的机会，在困境中寻求解决问题的创意。

很多时候或许只需要一个好的创意就能化解危机，反败为胜。

第3节 创新就像爬阶梯：
每迈一步，创新力提升一点

提升创新力的方法途径有很多，我们给它设计了一个提升方案：提升创新力的过程就像一个攀爬阶梯的过程，每爬上一个阶梯，创新力就会有不同程度的提升。在我们设定的4个阶梯里，只要你踏踏实实、稳稳健健地踩好每一级阶梯，最后就一定能登上创新的高峰。

踩稳创新的阶梯，你才能登峰造极

在创新活动过程中，创新力是基础，没有创新力的充分发挥，创新就不能取得成功。所以我们想创新，就得不断去发掘、去提升我们自身的创新力。

可能有人会有疑问，创新力不是与生俱来的吗？它能提升吗？创新力当然不是天生的，就像世界上永远没有天生的天才或白痴一样，创新力和记忆力、思考力等能力一样，可以通过一定的途径得到开发和提升。

我们先来看一个举重的故事：

在一段时间内，世界举重比赛中，500磅被认为是不可逾越的极限。世界著名的举重选手、苏联运动员阿历克谢也从来没有超过这个重量。

有一次，他的教练告诉他，他将举起的是一个新的世界纪录，499.9磅。结果他举了起来，之后教练称了重量，实际上是501.5磅！在这里，教练故意把重量说成是499.9磅，为的是不给阿历克谢过分的压力，结果他举起了501.5磅。

500磅并不是最终标准，教练给了阿历克谢一个善意的谎言，他的举重潜能就被轻易地挖掘了出来，最终突破了500磅这个极限。其实创新力也一样，我们每个人体内的创新潜能是无限的。一个恰当的压力、一个小小的点拨或多一点想法，都能使我们迸发出巨大的创新力。

只要比别人多一个新的想法，善于利用自身的创新力，你也会创造把梳子卖给和尚的奇迹。

有一家效益相当好的大公司，为扩大经营规模，决定高薪招聘营销主管。广告一打出来，报名者云集。

面对众多应聘者，招聘工作负责人说："相马不如赛马，为了能选拔出高素质的人才，我们出了一道实践性的试题：想办法把木梳尽量多地卖给和尚。"

绝大多数应聘者感到困惑不解甚至愤怒：出家人要木梳何用？这不明摆着拿人开涮吗？于是纷纷拂袖而去。最后只剩下3个应聘者：甲、乙和丙。负责人交代："以10天为限，届时向我汇报销售成果。"

10天很快过去了。

负责人问甲："你卖出多少把？"答："1把。""怎么卖的？"甲讲述了他历尽辛苦，游说和尚买把梳子，无甚效果，还惨遭和尚的责骂。好在下山途中遇到一个小和尚一边晒太阳，一边使劲挠着头皮。甲灵机一动，递上木梳，让他用木梳梳一下头。小和尚用后满心欢喜，于是买下一把。

负责人问乙："你卖出多少把？"答："10把。""怎么卖的？"乙说他去了一座名山古寺，由于山高风大，进香者的头发都被吹乱了。他找到寺院的住持，说："蓬头垢面是对佛的不敬。你们应在每座庙的香案前放把木梳，供善男信女梳理鬓发。"住持采纳了他的建议。那山上有10座庙，于是他卖了10把木梳。

负责人问丙："你卖出多少把？"答："1000把。"负责人惊问："怎么卖的？"丙说他到一个颇具盛名、香火极旺的深山宝刹，朝圣者、施主络绎不绝。丙对住持说："凡来进香参观者，多有一颗虔诚之心，宝刹应有所回赠，保佑其平安吉祥，鼓励其多做善事。我有一批木梳，您的书法超群，可刻上'积善梳'3个字，便可做赠品。"住持大喜，立即买下1000把木梳。得到"积善梳"的施主与香客也很高兴，一传十、十传百，于是这里朝圣者更多，香火更旺。

把梳子卖给和尚，这在很多人看来都是不可能的事情，但故事中的3个人凭借自己的能力，卖出了不同数量的梳子，尤其第三位竟然卖出了惊人的1000把。这个故事告诉我们，只要多一点点想法，我们就能挖掘出蕴藏在脑中深处的创新力。

提升创新力的方法、途径有很多，在这里我们给创新力的提升设计了一个提升方案：提升创新力的过程就像一个攀爬阶梯的过程，每爬上一个阶梯，创新力就会有一定的提升。阶梯一包括观察力、思考力、想象力和多元思维能力，这4种能力的提升是创新力提升的4大基石；阶梯二是打破思维定式，将创新培养成一种自觉的意识，只有破除了头脑中旧有的模式，才能更好地接受新事物，甚至创造新事物；阶梯三是把握好影响创新的性格、习惯和心态，学会激发创新潜能，培养创新思维；阶梯四是为创新找方法，学会创新方法我们就可以主动提升创新力。

这4个阶梯是提升创新力的重要步骤，只要我们踏踏实实踩稳每一级阶梯，最后就一定能登峰造极！

阶梯一：思考力、观察力、想象力、多元思维能力是创新力的4大基石

一个人要成功，自身必须具备很多能力，而创新力是人的能力中最重要、最宝贵、层次最高的一种能力。它与人自身的其他能力存在着千丝万缕的联系，其中，思考力、观察力、想象力及多元思维能力和它的联系尤为紧密，它们是创新力的4大基石。

思考力是创新力的核心，它可以引爆创新潜能。人是靠思考解决一切问题的，法国思想家帕斯卡曾经说过："人不过是一株芦苇，是自然界中最脆弱的东西。可是，人是会思考的。要想压倒人，世界万物并不需要武装起来。一缕气，一滴水，都能置人于死地。但是，即便世界万物将人压倒了，人还是比世界万物高出一筹，因为人知道自己会死，也知道世界万物在哪些方面胜过了自己，而世界万物则一无所知。"

因为思考，牛顿从苹果的下落发现了万有引力定律；因为思考，莱特兄弟发明了可以像小鸟一样自由飞翔的飞机；因为勤于思考，人们解决了科学和生活中的很多问题；因为独立思考，创新的机会无处不在；因为创新性思考，人们创造了无数奇迹。

观察力是创新力的左右手。一个人的一生当中要从外界获得大量信息，

据统计，其中 75% 以上是靠观察摄取的。爱因斯坦、阿基米德、达尔文等众多科学家无一不具有非凡的观察力。可以说，没有他们善于观察的双眼，就没有他们的创新成就。

观察力在科学研究、创新发明中十分重要。"观察，观察，再观察。"这是苏联科学家巴甫洛夫的名言。法国百科全书派领袖狄德罗认为，科学研究主要有 3 种方法：第一是对自然的观察，第二是思考，第三是试验。由此可见，观察是创新的常用方法。

法国人若利一次不小心将一瓶松节油打翻，洒到衣服上。事后他通过观察发现，衣服不但没有留下污迹，连上面原有的油污也清除掉了。顿悟的他马上开了一家店，利用干洗法洗涤衣服。当干洗店遍及世界时，他早已赚足了钱。

想象力是提升创新力的风帆。心理学家认为，人脑有 4 个功能部位：一是以外部世界为对象接受感觉的感受区，二是将这些感觉收集、整理起来的贮存区，三是评价收到的新信息的判断区，四是按新的方式将旧信息整合起来的想象区。只善于运用贮存区和判断区的功能，而不善于运用想象区功能的人不善于创新。据心理学家研究，一般人只用了想象区的 15%，其余的还处于"冬眠"状态。这就告诉我们想要唤醒"冬眠"区域的沉睡状态，就要从培养想象力入手。

想象力是人类意识不断推陈出新的创造能力。在思维过程中，如果没有想象的参与，思考就会发生困难。爱因斯坦说过："想象力比知识更重要，因为知识是有限的，而想象力概括着世界的一切，推动着进步，并且是知识进步的源泉。"爱因斯坦的"狭义相对论"就是从他幼时幻想人跟着光线跑，并能努力赶上它开始的。世界上第一架飞机就是从人们幻想造出飞鸟的翅膀而开始的。想象不仅能引导我们发现新事物，而且还能激发我们不断地进行新的探索和创新劳动。

多元思维能力是一种举一反三、触类旁通的思维创新力。它能帮助我们跳出狭隘的思维框架，开阔我们的思路，为我们解决问题提供多种有效的方案。在日常生活和工作中，我们可以适当地"放纵"自己的思路，运用多元思维，把自己从严格的"必然性"中解放出来去面对无限的"可能性"。充分发挥多元思维能力，能让创意层出不穷。

当然，这 4 大能力并不是独立存在的，而是相互联系的。在进行创造性活动中，我们要充分调动这 4 大能力，做到边思考、边观察，进行必要的想象和多元思维，把它们有效地结合起来。只有做到这些，我们才能迈好提升创新力的第一步。

阶梯二：不为定式所困，让创新意识在头脑中生根

创新意识是与创新有关的一切思维与活动的起点，它是指创造的愿望、意图等思想观念。创新意识较强的人不仅能时时、处处、事事想到创新，更可贵的是他能将创新的原理与技巧化作个人的内在习惯，变成一种自觉行为，进而永葆创造的欲望与勇气。创新意识既是创新的原点，也是创新的前提。

创新意识的形成不是一个容易的过程，它会受到人们思维定式的影响。

心理学认为，定式是心理活动的一种准备状态，是过去的感知影响当前的感知的现象。比如，让一个人连续多次看两个大小不等的球，再让他看两个同样大小的球，他会感知为不相等。

在现实生活中，我们会遇到形形色色的问题，当我们长期处于某个环境，多次重复某一活动或反复思考同类问题时，头脑中会形成一种思维习惯，这就是我们所说的思维定式。当再次碰到同类问题时，我们的思维活动会自然而然地受这种思维定式的支配。因此，思维定式可以理解为过去的思维对当前思维的影响。

思维定式对人们平时思考问题有很多好处，它能使思考者在处理同类或相似问题时省去许多摸索、试探的思考步骤，不走或少走弯路，做到举一反三、触类旁通，从而大大缩短思考时间，提高思考效率。正是因为有了思维定式，大脑才能驾轻就熟，将问题处理得井井有条。可以这样说，不管是家庭琐事还是国家大事，离开了思维定式都将寸步难行。思维定式可以帮助我们解决99%甚至更多的问题。但是思维定式也有很多弊端。

在处理剩下1%需要创新的问题时，思维定式就无能为力了。因为在进行创新思考时，无论面对的是新问题还是老问题，都需要有新的思考程序和思考步骤。所以，思维定式有时会妨碍我们创新。

阿西莫夫是美籍俄国人，世界著名的科普作家。他曾经讲过这样一个关于自己的故事：

阿西莫夫从小就很聪明，在年轻时多次参加"智商测试"，得分总在160左右，属于"天赋极高"之列。有一次，他遇到一位汽车修理工，是他的老熟人。修理工对阿西莫夫说："嗨，博士！我出一道思考题来考考你的智力，看你能不能回答正确。"

阿西莫夫点头同意。修理工便开始说思考题："有一位聋哑人，想买几根钉子，就来到五金商店，对售货员做了这样一个手势：左手食指立在柜台上，右手握拳做出敲击的样子。售货员见状，先给他拿来一把锤子，聋哑人摇摇头。售货员明白了，他想买的是钉子。聋哑人买好钉子，刚走出商店，接着进来一位盲人。这位盲人想买一把剪刀，请问：盲人将会怎样做？"

阿西莫夫顺口答道："盲人肯定会这样——"他伸出食指和中指，做出剪刀的形状。听了阿西莫夫的回答，汽车修理工开心地笑起来："哈哈，答错了吧！盲人想买剪刀，只需要开口说'我买剪刀'就行了，他干吗要做手势呀？"

并不是阿西莫夫不聪明，而是他跳入了"思维枷锁"之中，被定式所困。可见，人的思维一旦形成了定式，就很难有所创新，有所发展。思维定式就像一副有色眼镜，戴上它，看到的整个世界都是同一颜色。所以在创新的时候，我们要把这副"思维的眼镜"摘下来，敢于突破思维定式，去想别人所未想、做别人所未做的事情。就像下面的故事一样：

15世纪末，伟大的航海家哥伦布远航发现了美洲大陆。有的人把他看作英雄，有的人却不服气。在庆功会上，有人站起来说："这没什么了不起的，只要驾着帆船一个劲儿地向西航行，就能发现这块新大陆。"

哥伦布听了并不生气，他从容地站起来，从桌上拿起一个鸡蛋，对在场的人说道："这是一个普通的鸡蛋，你们能不能把它立起来？"

人们左摆右摆，可鸡蛋怎么也竖不起来。

这时，哥伦布拿起鸡蛋在桌上轻轻一磕，蛋头上碎了一点壳，鸡蛋便稳当地立了起来。哥伦布说道："这是很容易的事情，但你们都没能做到，而我做到了，现在你们也能做到了。但在第一个人做到以前，别人就是一直做不到。"

思维定式的突破往往伴随着创新。思维定式主要包括从众定式、权威定式、经验定式和书本定式。在创新的过程中，我们要敢于跳出这几种思维定式的拘囿，形成一种创新没有年龄界限、不受专业限制、不分资历高下、没有自然区别、创新无止境的自觉意识。做好这些，我们就能坚定地踏上创新力提升的第二阶梯。

阶梯三：性格、习惯、心态、潜能和思维左右着创新力的提升

在阶梯三中，我们发现了影响创新力提升的几大因素，它们是性格、习惯、心态、创新潜能和创新思维。我们留心那些锐意进取的创新者，会发现他们身上无一不拥有这些创新因素。通过对这些因素的了解，有意识地培养创新型的性格、习惯、心态，激发创新潜能，拓展创新思维，我们也可以迅速提升自己的创新力。

常言道：要想成其事，必先成其人。性格是成事的前提条件，很多创新者都拥有鲜明的性格特征。其中，活泼型、完美型和力量型性格的人拥有较大的创新机会。

活泼型性格中的热情、好奇、幽默、豪爽等是创新者个性特征的一部分。热情的人有创新激情，好奇的人充满求新的动力，幽默本来就是创新的一种方式，豪爽能集结创新条件。

完美型性格的人拥有冷静、踏实、认真、精益求精等个性特征，这些也是创新力的重要影响因素。比如，冷静的人能深入思考，迅速想出出奇制胜的创意点子；踏实的人能以锲而不舍、扎扎实实的精神赢取创新成果；认真的人能严谨设计创新的每一步骤；精益求精的人能始终不渝地追求创新的完美目标。

力量型性格的人拥有帮助创新的"力量"。例如，独立个性的人不随波逐流，坚持自己的特色和想法，这本身就是一种创新；果断的人干脆利落，总能捕获创新先机；胆大的人总能做人所不能做之事，勇于迈开创新的第一步；具有冒险个性的人勇于挑战，容易创造奇迹。

据统计，一个人一天的行为中大约95%是习惯性的，而剩下的5%才属于非习惯性的。在这些行为习惯中，勤奋好学、勤于观察、不满足现状、

积极行动等好习惯能给创新力提供无穷无尽的推力，而懒惰、轻易放弃、依赖、安于现状等坏习惯则会阻碍创新力的提升。

可见，习惯对创新活动有着多么重大的影响。认识了习惯的力量，平时我们就应该注意培养各种好习惯，改掉一些不良习惯。更重要的是，我们要养成一种主动创新的习惯，让创新成为我们的"第二天性"。

好心态是提升创新力的"氢气球"，良好的心态是创新者不断取得成功的关键。生活中的种种事例告诉我们，愉快、进取、主动的积极心态能让人轻松把握创新的机会，自信向上、豁达开朗的乐观心态能让人正确看待创新成败，坚韧、执着的心态能让人坚守创新的希望，而虚心、谦和的空杯心态能使人捕获更多的创新成果。

每个人身上都潜伏着无穷无尽的创新潜能，我们要做的是用正确的方法来激发深藏不露的潜能，唤醒创新力这个"巨人"。良性暗示、轻松氛围和逆境作用都是激发创新潜能的良方。

思维是创新的源泉，拓展创新思维，能让创新力节节攀升。恩格斯说过："地球上最美的花朵——思维着的精神。"思维是人类独有的特质，是人类几千年文明的结晶。没有它，就没有人类和人类的一切。创新思维则是人类一切奇迹之本，是思维的精髓，也是科学家、发明家及一切人类文明的创造者的本源。在下文中，我们将会更深入地了解质疑思维、发散思维、逆向思维、联想思维等思维形式对创新力的影响。

在提升创新力的阶梯三中，我们要关注的因素有很多，能够做到这些，我们离创新力的"顶峰"就只有咫尺之遥了。

阶梯四：积极行动，主动提升创新力

有位神秘的智者，他具有非常丰富的知识和洞悉事物的前因后果的能力。他答复任何问题从来不会答错。

有一个调皮的男孩对其他男孩子说："我想到了一个问题，一定可以难倒那个智者。我抓一只小鸟藏在手中，然后问他，这只小鸟是死的还是活的。如果他回答是活的，我就立刻将手里的小鸟捏死，丢到他脚边；如果他回答小鸟是死的，我就放开手让小鸟飞走。不论他怎样回答，都肯定会错。"

打定主意之后，这群男孩子跑去找到那位智者。调皮的男孩子立刻问他："聪明人啊，请你告诉我，我手上的小鸟是死的还是活的？"

那位智者沉思了一下，回答说："亲爱的孩子，这个问题的答案就掌握在你手中！"

其实创新也是这样，我们能不能创新，能不能提升创新力，这个问题的答案同样掌握在我们每个人的手中。在时时处处要求创新的 21 世纪，如果我们决心跟上时代，做一个出色的创新人，那么在任何时候，我们都要做好创新的准备，积极行动，主动提升创新力。

在提升创新力的最后一个阶梯，我们要做的是积极行动，自动自发地为创新寻找方法。

一般来说，创新方法可以归纳为细节法、组合法、模仿法和团队合作法。

细节法：很多时候，创新就源自生活的细节，比别人多一份心思、多一点创意，或许你就能在细节中创新。细节法告诉我们，细微之处的修改、把握细节带来的机会、抓住细节中的问题，就能创出与众不同的空间。

组合法：组合是创新的良方。很多情况下，以已有知识或已知东西作为媒介，把不同的知识或物品要素结合起来，或者把不同功能的产品巧妙组合在一起，往往可以成为科学技术的发明与创新。排列组合将会创意无穷。

模仿法：模仿是最古老而又最先进的学习方法。牛顿说过，他之所以能取得如此辉煌的成就，是因为他站在了巨人的肩膀上。要想创新，就要学会创造性模仿、改进式模仿、超越式模仿。

团队合作法：独木难成林，一人难为众，古训也一直告诫我们："团结就是力量。"在日益集约化的社会里，单打独斗的人已不是创新队伍的主力军，当今社会的很多发明创新都是优秀的团队共同努力的结果。所以，要想创新，融入团队、和别人合作、成员沟通交流、借助团体的力量是你必要的选择。

当然，提升创新力的方法肯定不止这些，提升创新力也并不是非得遵循一定的模式和步骤。只要你时刻想着创新，有意识地去提升创新力，积极主动地将创新理论应用到行动中去，并在实践中综合利用各种创新方法，相信提升创新力并不是一件遥不可及的事情。

踩稳第四级阶梯了吗？那么，伸出你的双手，尝试着拥抱一下"顶峰"的创新力。它是不是已经达到你也可企及的高度了？

第2章

有效提升创新力的
4大关键能力

思考力是创新力的核心，思考力的深度决定创新力的高度，没有思考就失去了生存的机遇，更不用说创新发展了。勤于思考、独立思考、创造性思考是我们在进行创新活动时所应采取的思考方式。只有这样，我们的思考力才能引爆创新的潜能。观察力可以洞察创新时机，它在科学研究、创新发明中具有非常重要的作用。没有正确的观察，我们就不可能透过现象揭开创新的面纱。掌握正确的观察方法，我们可以提高自身的观察力，并形成强大的创新力量源。

从某种程度上说，想象力比知识更重要，因为知识是有限的，而想象力却可触及世界上的一切。想象力是创新的源泉，是提升创新力的翅膀。通过设置想象中的标靶，我们可以锻炼自己的想象力，不断创造一个又一个奇迹。

多元思维能力是提升创新力的又一个重要内容。它可以综合利用各种思维方式，从不同角度系统地分析、解决问题，给我们开辟创新的捷径。灵活运用多元思维，可以将我们的创新力提升到另一个层次。

第1节 思考力：
用头脑引爆创新潜能

思考力是创新力的核心，思考力的深度决定创新力的高度。思考是很多科学家、成功者创新胜利的武器，没有思考，就失去了生存的机遇，更不用说创新发展了。勤于思考、独立思考、创造性思考是我们在进行创新活动时所应采取的思考方式。只有这样，我们的思考力才能引爆创新潜能。

思考力是创新力的核心

创新力是人的能力中最重要、最宝贵、层次最高的一种能力。它包含着多方面的因素，其核心是思考力。正如爱因斯坦所说："人是靠动脑解决一切问题的。"

人并不是天生会创新的。正如鲁迅所说："天才的第一声啼哭绝不是一首好诗。"

很多创新家们并非生来就是创新天才，他们绝大多数是经过后天不断培养思考力，最终才有所成就的。

牛顿被认为是一切天才中的天才。但是，牛顿小时候却是一个再普通不过的孩子，成绩平平，只不过是玩具做得出众一点而已。牛顿的创新才能是后来充分利用思考力，不断调动思考来帮助创新的结果。例如，苹果落地，被砸到的人往往会咒骂一声，自认倒霉，而牛顿却苦思苹果为什么不飞向天而向下落，从而发现了万有引力定律。

莱特兄弟梦想着人类像小鸟一样自由飞翔，于是不断思索，终于发明了飞机。

达尔文一心沉浸在他的生物研究中，片刻不停地思考生物遗传和发展的问题，最终提出了震惊世界的进化论。

在我们的日常生活中，"不怕做不到，只怕想不到"。每个新产品的发明、每个新论点的提出、每个新现象的发现，都离不开最初的"想法"。这个"想法"就是思考。所有目标成就、创新发明都是思考的产物，放弃思考就等于放弃创新，放弃成功。

所以，思考力是创新力的核心，思考力的深度决定创新力的高度。

相信很多人都听过或看过世界著名成功学大师拿破仑·希尔的畅销书《思考致富》，这本书刚一面世便深受广大读者的喜爱，很快便全球畅销。其原因是它深刻地揭示了如何运用我们的大脑去实现成功的黄金法则，并提出任何人要想取得成功，都必须要运用头脑去思考。为什么写这本书呢？拿破仑·希尔认为这和他经历过的一件小事有很大关系。

有一次，拿破仑·希尔去见一位专门以出售主意为职业的教授，结果被教授的秘书拦住了。拿破仑·希尔觉得很奇怪："像我这样有名望的人来见教授，也要挡驾吗？"

秘书回答："这时候，教授谁也不见，即使美国总统现在来，也要等 2 个小时。"

拿破仑·希尔犹豫了一阵，虽然很忙，但他仍然决定等 2 个小时。2 个小时后，教授出来了，希尔问他："你为什么要让我等 2 个小时呢？"

教授告诉希尔：他有一个特制的房间，里面漆黑一片，空空荡荡，唯有一张躺椅，他每天都会准时躺在椅子上思考 2 个小时。此时的 2 个小时，是他创新力最旺盛的 2 个小时，很多优秀的主意都来自于此时，所以这时的他谁也不见。

听了教授的解释，拿破仑·希尔的内心突然涌起了一股强烈的意念："运用思考才是人生成功的要诀。"由此，拿破仑·希尔写下了使他名扬世界的著作《思考致富》。

拿破仑·希尔说："思考能够拯救一个人的命运。"事实正是如此，有思考力的人才会有创新力，才能主动掌控自己的命运。懒惰、平庸的人不是不动手，而是不动脑子，这种坏习惯制约了他们走向创新的可能；相反，那些最终能成大事者基本都在此前养成了勤于思考的习惯，善于发现问题，积极进行创新，努力地寻求解决问题的方法，甚至让问题成为改变自己命运的机遇。

　　诺贝尔奖获得者、英国物理学家约瑟夫·汤姆森和欧内斯特·卢瑟福一共培养出了 17 位诺贝尔奖获得者，这些天才们无一例外地深刻领悟到如何通过思考去捕获创新机遇，去改变自己的人生轨迹，赢得辉煌的人生。

　　英国剑桥大学的迪·博诺教授说："一个人很聪明或智商很高，只是说明他有创新的潜力，并不能说明他很会思考。智力和思考的关系，就好比汽车同司机驾驶技术的关系，你可能有一辆很好的汽车，但如果驾驶技术不好，同样不能把车开好；相反，你开的尽管是一辆旧车，如果驾驶技术高超的话，照样能把车开得很好。"

　　世界著名趋势专家约翰·奈斯比也曾经说过："在信息时代，我们最需要的技能是：学习如何思考、学习如何学习以及学习如何创新。"

　　思考力具有强大的力量，它没有现成的答案可以抄袭，也没有既定的程序可以跟从，但它可以通过发挥其自身的力量为人们指引一条又一条全新的成功之道。

　　人人都有思考的机会。当你试着改变自己的思考方式，朝着成功的方向努力时，一切奇迹都有可能出现！思考力是创新力的核心，用积极的思考去进行积极的创新，你的生命将精彩不断。

勤于思考才能善于创新

　　一天晚上，英国著名的物理学家卢瑟福走进实验室，看到一位学生仍坐在实验桌前，便问道："这么晚了，你还在做什么？"

　　学生答道："我在工作。"

　　"那你白天在干什么呢？"

　　"也在工作。"

　　"那么你早上也在工作吗？"

　　"是的，教授，早上我也在工作。"

　　于是，卢瑟福提出了一个问题："那么，你什么时候思考呢？"

　　学生看了看他，无言以对。

　　在我们的周围不乏刻苦认真的人，但他们的成绩就是上不去；也有许多人，他们工作非常勤奋，但也没什么太大的成就；许多人做事非常努力，但就是赚钱不多，囊中羞涩；许多学者埋头苦干，实验无数，但就是没有创新，无所突破……虽然他们的原因各异，但缺乏正确的思考方式无疑是其中非常关键的一个原因。

人的思想有了不起的能量。任何创新的成果都是思考的馈赠，人世间最美妙绝伦的就是思考的花朵。思索是才能的"钻机"，思考是创新的前提。因此，潜心思考总是为创新家所钟情。

"书读得多而不思考，你就会觉得你知道的很多，而当你读书多的同时思考得也多的时候，你就会清楚地看到你知道的还很少。"这是哲学家伏尔泰的体悟。

"学习知识要善于思考、思考、再思考，我就是靠这个学习方法成为科学家的。"爱因斯坦如是说。

牛顿敞开心扉："如果说我对世界有些微贡献的话，那不是由于别的，只是由于我的辛勤耐久的思索所致。"

思想家狄德罗坦言自己的治学之道："我有三种主要的方法：对自然的观察、思考和实验。用观察搜集事实，思考把它们结合起来，实验则来证实组合的结果。对自然的观察应该是专注的，思考应该是深刻的，实验则应该是精确的。"

将一半时间用于思考，一半时间用于行动，无疑是人才的创新之道。不懂得运用思索这一"才能的钻机"的人，难以开掘出丰富的智慧矿藏；不善于思考的人，不能举一反三、触类旁通，享受创新的乐趣。赢得一切、获取成功的关键，就在于你能不能积极地思考、持续地思考、科学地思考。

在工作中，要战胜困难，达到理想的效果，深思熟虑是不可缺少的条件。在科学、艺术创造中，在规划方案、产品设计、经营运筹中，在理论体系的构筑中，思考同样具有不可替代的功能。

下面事例的主人公就是一个善于思考、最终摘取创新果实的成功者。

对于"洁厕精"，可能每个人都不陌生，别看它普通，这可是家家户户必不可少的日用品。但很少有人知道，有一种畅销全国的"洁厕精"，其发明者是一个只有初中文化的下岗工人。

几年前，由于这名工人所在的工厂被兼并，这个壮实的汉子突然间成了下岗工人。由于无事可做，他只能在家里待着，时间一长，难免有些心烦。

一天，家里的坐便器堵了，左弄右弄，排泄物就是不下去。他十分恼火，甚至有将坐便器砸了的冲动。

待他冷静下来，他开始想：我堂堂一个男子汉，怎么能被这样的小事难住？接着他又想：我遇到的问题，其实千万个家庭每天也会遇到，既然那么多人需要解决这个问题，为什么不在这上面想想办法、做点文章呢？

想到就立即做，他一头扎进自己的小屋，闭门不出，开始努力思考，潜心钻研。

对于只有初中文化的他来说，要解决这样的问题并不是件容易的事，但他没有放弃，而是不分日夜反复试验。经过很多次失败后，突然有一天，试验成功了，他研制出了专门用于厕所除垢、下水道疏通的化学制剂"洁厕精"和"塞通"。

这项发明属国内首创，获得了技术专利，这名工人还用自己的房间号为产品申报了商标"406"。之后他向妻子借来几万元私房钱，开了一家公司，产品很快供不应求。

谈起自己的创业史，这名下岗工人得意地笑称自己是"厕所里淘黄金的人"。他就是温州人王麟权。

一个善于创新的人，不仅善于从问题中发现机会，而且善于从问题着手，勤于思考，最终找到解决问题的方法。

我们要想成为一个成功的创新者，就必须承认思考的价值，充分挖掘思考的力量，养成勤于思考的习惯。做到这些，相信你最后一定可以成为善于创新的创新者。

独立思考打开创新力的大门

有一个小学三年级的学生一次随他爸爸去宾馆，迎面看见墙上并排排着7座挂钟，分别显示世界各地当时的准确时间。可为什么要挂那么多钟？不能仅用一座钟来表示各地的时间吗？他认为挂钟多既占地方又费钱。他年纪虽小，但善于独立思考。经过多次试验，他发明出了"新式世界钟"，这种钟可代替那7种钟的功能。这个发明被评为全国青少年发明创新一等奖。独立思考打开了这名三年级学生的创新力之门。

独立的思考能力是现代创新活动的基本要求。具体地说，独立的思考能力是针对具体问题进行的深入分析而提出自己的独创见解的能力，它也是一种运用已经掌握的理论知识和已经积累的经验教训，独立地、创造性地分析和解决实际问题的综合能力。

我们在创新活动中，要善于根据实际情况进行独立的分析和思考，对问题的认识和解决有独创见解，不受他人暗示的影响，不依赖于他人的结论，努力防止思想的依赖性。这样我们就能够成为独立的思考者，提升我们的创新力。

不可否认，创新很多时候是一个很孤独、很痛苦的思考过程，因为没有前人的经验可以参考和借鉴。

但要想创新，思考是必不可少的，而且是解决问题的关键。因此，学会独立思考十分重要。当你通过独立思考而采摘到创新胜利之果时，请相信，那份愉悦是什么事情也比不上的。

爱因斯坦 12 岁时，一次，他的叔叔在纸上画了一个直角三角形，写了一个公式，然后对他说："这可是著名的毕达哥拉斯定理，两千多年前就有人会证明了，要不你也试试？"

当时爱因斯坦还不懂得什么叫几何，但他很快就被迷住了，开始利用有限的知识运算、证明。

一连 3 个星期，爱因斯坦都在对这一问题冥思苦想，但始终没有任何进展。叔叔看不下去了，想教他，但倔强的爱因斯坦表示，自己一定可以通过思考证明出来。最终，他以三角形的相似性成功证明了这一定理。

爱因斯坦第一次体会到了独立思考带来的快乐，这种快乐让他更加痴迷于思考，也让他受益终身。

16 岁那年，他开始思考一个很有挑战性的问题：如果用某种光的接收器跟在光后面以光速奔跑，那会发生什么呢？这个问题在当时尽管没有找到答案，但它却成为相对论的萌芽。

独立思考是如此美妙，以至于到 67 岁时，爱因斯坦还在津津乐道于 12 岁时对几何问题的思考。他说："如果那时没有学会独立解题并体验因此带来的极大快乐，我后来就难以培养好的思维习惯。"

和爱因斯坦一样，很多伟大的科学家、发明家也是从小就养成了独立思考的习惯。

著名物理学家、诺贝尔奖获得者居里夫人为了让孩子们学到更多的科学知识，与科学界的几位朋友共同制订了一个合作教育计划——把各家的孩子集中到一起，由家长们分别授课。居里夫人的长女伊伦自然也在其中。

一次，物理学家朗之万给孩子们讲了一个实验，并故意说了一个错误的现象。

这引起了小伊伦的疑问，她觉得朗之万叔叔讲的和书上正好相反，于是马上跑去问妈妈，朗之万叔叔是不是搞错了。

居里夫人没有直接回答伊伦，而是鼓励她自己思考："孩子，你为什么不自己动手做个实验呢？这样你就能找到答案了。"

伊伦抑制不住好奇，立即动手将整个实验操作了一遍，结果她惊讶地发现：自己是对的，而朗之万叔叔错了。

于是她找到朗之万叔叔，详细讲述了自己的实验过程，并大胆地宣称："朗之万叔叔，您错啦！"

朗之万欣慰地哈哈大笑说："伊伦你是对的，叔叔确实讲错了。这么多孩子，只有你认真思考了，提出了疑问，并且通过自己动手做实验来证明，这是最难得的。"

伊伦从小养成的独立思考习惯，为她以后在科学的道路上探索和创新奠定了坚实的基础。

独立思考是一双善于发现创新机会的"慧眼"，处处都能发现问题。

你想提高你的创新力吗？那就从现在开始进行独立思考吧！

创造性思考缔造奇迹

古希腊时，有一个国王颁布了一项奇特的命令：对于即将处死的犯人，要求每人说一句话。如果是真话，将被绞死；如果是假话，将被砍头。

有一次，4个犯人要被处死，国王将众大臣召集在一起，要大臣们看看他这个国王是如何智审犯人的。

第1个犯人被押上来，他恭恭敬敬地说："我热爱国王。"他以为说了这句话，国王也许一高兴就免了他的死刑，没想到国王说："胡说八道，热爱我你就不会犯罪了！假话，拉下去砍头。"

第 2 个犯人被押上来后，诚惶诚恐地说道："我有罪，我该死。""说得对，"国王裁决道，"你说的是真话，处以绞刑。"

第 3 个犯人被押上来，他心想：如果你判断不出我的话是真是假，不就没法处置我了吗？于是他说道："太阳离我们有 70 万千米零 9 米远。"国王一时还真不知如何裁决，但是马上他就生气地说："这话不能马上验明是真是假，算是假话，拉下去砍头。"

第 4 个犯人被押了上来，他从容地站在国王面前。

"现在轮到你了，"国王说道，"说一句话，选择你怎么死吧！"

"我将被砍头。"对方说。

这下子国王真的被难住了。国王在心中思量："如果他说的'我将被砍头'是真话，那么我就应该判他绞死；既然他被处以绞刑，那'我将被砍头'就成了假话；既然'我将被砍头'是假话，那么他应被砍头，可他被砍头又证明他说的是真话；既然他说的是真话……"

也就是说，国王既不能砍他的头，也不能对他处以绞刑。无奈，国王只好放了这位聪明的犯人。

从死亡线上捡回了一条命，这位犯人凭借的就是抓住了问题的漏洞，钻了问题的空子，去除了"非此即彼"的虚假认定。

说真话的要被处以绞刑，说假话的要被砍头，犯人如果只在真话和假话之间苦苦抉择，那么最终都避免不了一个"死"字，选择也变得毫无意义。4 名犯人都为生存的最后一句话进行了思考，却只有最后一名犯人的思考和回答是带有创造性的，他为自己刑架下的生命缔造了奇迹。由此可见，创造性思考魅力无穷。

生活中很多人只注重汗水的付出，而轻视思考的力量，那些奇怪的想法往往让他们觉得不切实际。殊不知，汗水往往浇不出机会的花蕊，倒是新颖奇特的思考有可能会让机会花开满园。

威尔逊是一个商人，专门经营香烟。可是，他的运气不好，几年来商品乏人问津。困境中他学会了思考，他要在思考中找到一条新的出路。

一天，他在商店门口贴了一幅广告："请不要购买本店生产的烟卷，据估计，这种香烟的尼古丁、焦油含量比其他店的产品高 1%。"另用红色大字标明："有人曾因吸了此烟而死亡。"这一广告因别具一格而引起电视台记者的注意。通过新闻节目，人们很快熟悉了这一商店。一些人专程从外地来买这种烟，称"买包抽抽，看死不死人"。另有些人抽这种烟是想表示一下自己的男子汉气概。结果，这个店的生意从此日渐兴隆，现在已成为拥有5个分厂、14个分店的大企业。

在美国，有一名收藏家名叫诺曼·沃特。看到收藏家为收购名贵物品而不惜千金，他灵机一动：为什么不收藏一些劣画呢？他收购劣画有两个标准：一是名家的"失常之作"；二是价格低于5美元的无名人士的画。没多久，他便收藏了200多幅劣画。

1974年，他在报纸上登出广告，声称要举办首届劣画大展，目的是让年轻人在比较中学会鉴别，从而发现好画与名画的真正价值。

出乎人们意料，这次画展非常成功，沃特也成为人们茶余饭后不可少的话题。观众争先恐后参观，有的甚至从外地赶来。

沃特的成功之处在于他的"劣画大展"独树一帜，十分新奇，迎合了观众的"逆反心理"。

奇思妙想缔造奇迹，这是创造性思考的神奇之处。只要你善于"异想天开"，你也可能创造奇迹。

问题是创新的导师

有一位母亲吩咐孩子去集市买米。她列了张清单，连同卷好的一叠米袋子交给孩子。

到了米市，孩子看着清单上写着：大米、小米、高粱米、玉米等，于是他按图索骥，一个口袋装一种米。然而到后来，他发现少了一个袋子，无论如何都没法将全部品种买齐全。

孩子一回到家，就埋怨母亲："为什么不先数好袋子？老远的路，难道我还要再跑一趟？"

母亲说："你不是系鞋带了嘛！用鞋带将米少的袋子中间扎紧，上面一层不又可盛东西了吗？"

孩子一下子傻了眼……

出现问题不要第一时间就想着推卸责任，或是追查寻找责任的当事人，而应该动脑想一想解决问题的办法。不善于动脑的人好像直筒的米袋子，一眼就能望到底。

主动多想想，问题就是创新的契机。当你用一种以前没用过的办法去解决问题时，你就是在创新。

有人玩过这种游戏：

十几个学员平均分为两队，要把放在地上的两串钥匙捡起来，从队首传到队尾。规则是必须按照顺序，并使钥匙接触到每个人的手。

比赛开始计时。两队的第一反应都是按专家做过的示范：捡起一串，传递完毕后，再传另一串，结果都用了 15 秒左右。

专家提示道："再想想，时间还可以缩短。"

其中一队似乎"悟"到了，把两串钥匙拴在一起同时传，这次只用了 5 秒。

专家说："时间还可以减半，你们再好好想想！"

"怎么可能？！"学员们面面相觑，左右四顾，不太相信。

这时，场外突然有一个声音提醒道："只是要求按顺序从手上经过，不一定非得传啊！"

另一队恍然大悟。他们完全抛开了传递方式，每个人都伸出一只手扣成圆桶状，摞在一起，形成一个通道，让钥匙像自由落体一样从上面落下来，既按照顺序，同时也接触了每个人的手，所花时间仅仅是 0.5 秒！

培根有一句名言："如果你从肯定开始，必将以问题告终；如果从问题开始，则将以肯定结束。"传递钥匙的游戏旨在告诉我们，如果把已存在的看成是合理的、可行的，那么在思考某种问题时，你就很容易沿着原有的旧思路延伸，受到传统模式的严重羁绊而无法突破创新。但当你不断怀疑、不断提问题时，你会发现，之前停留的那个地方远不是终点。带着问题跑下去，你会发现另一个全新的天地。

"再想想，时间还可以短！"这个问题就像一名导师，指引我们不断创新。

著名的数学家希尔伯特是一个善于提出问题的人。在 1900 年第二届国际数学家大会上，他做了题为《数学的问题》的报告，提出了当时数学领域中的 23 个重大问题。这些问题后来被称为"希尔伯特问题"。它们的提出有力地促进了数学的发展。为此，希尔伯特总结道："只要一门科学分支能提出大量的问题，它就充满着生命力。而问题缺乏，则预示着独立发展的衰亡或中止。"

　　犹太人非常重视知识，同时更加重视问题意识的培养。他们把仅有知识而没有才能的人比喻为"背着许多书本的驴子"。他们认为，学习应该以思考为基础，而思考则是由一连串的问题组成的。学习便是经常怀疑，随时发问。问题是智慧的大门，知道得越多，问题就越多。所以，提问使人进步，问题和答案一样重要。犹太人出名的口才和高超的智力与他们注意培养问题意识不无关系。

　　问题会激发我们的兴趣、情感与灵感。它激发我们去感知与记忆，去观察与实验，去注意与搜索，去思索与想象，去发明与创造。发明家保尔·麦克思德说："唯一愚蠢的问题是你不问问题。"苏格拉底也说："问题是接生员，它能帮助新思想诞生。问题是创新的起点，是创新的动力，是创新的导师，有了问题才会思考，有了思考才有解决问题的方法，有了行动方法我们才能进行创新。"

第2节 观察力：
用双眼洞彻创新时机

观察力可以洞彻创新时机，它在科学研究、创新发明中具有非常重要的作用。没有善于观察的双眼，我们就不可能获取外界纷繁的信息；没有正确的观察，我们就不可能透过现象揭开创新的面纱。掌握正确的观察方法，我们可以提高自身的观察力，并形成强大的创新力量源。

"眼睛"是创新的窗户

眼睛被称为"心灵的窗户"，是头等重要的信息输入器官。我们也可以说，眼睛是"创新的窗户"，这里的"眼睛"指的是通过眼睛的观察。

一个人的一生当中要从外界获得亿万的信息，其中75%以上是通过眼睛获得、通过观察摄取的。

创新者因为拥有非凡的观察力而拥有创造成果。所以，我们要善于利用双眼去观察，去发现创新的时机。

我们可能注意过这种现象：洗完澡以后放水时，浴缸里的水会产生一个个旋涡。肯定不止一个人会注意到这个问题，因为水从来都是这样旋转着从一个孔洞中漏下去的，不仅放洗澡水如此，大雨天积的雨水也是这样旋转着流入下水道的。

这种现象太普遍了，以至于人们无数次面对这种现象却一直熟视无睹。但在教授谢皮罗的眼里，这是一种奇特的现象。

美国麻省理工学院机械工程系的谢皮罗教授有着与众不同的眼睛，确切地说有着不同于常人的观察力。他注意到浴缸排水时的特殊现象，马上被吸引住了。后来，他又跑去观察水池放水，发现也有着相似的旋涡。

这是为什么呢？他想，共同的现象一定有着相似的原因。

他联想到赤道上的水，那里会不会有旋涡呢？那里的水将怎样流出？流出的时候会不会打着旋涡？会不会打着同样的旋涡？

他又想到，南半球的水将会怎样流出呢？它们又会沿着什么方向打旋涡，和赤道的情况一样吗？

为了这个问题，他不远万里来到赤道。经过认真观察，他发现赤道上的流水没有旋涡。

他又来到南半球观察，发现南半球流水有旋涡，而且旋涡的方向正好与北半球相反。北半球是顺时针方向，而南半球是逆时针方向。

他从观察中得出结论：流水旋涡可能与地球的自转有关。同时他也想到，台风、风暴都是流体的运动，空气也是流体。南半球和北半球的风暴也一定是按与水流同样的规律旋转的，北半球和南半球风暴产生的旋涡的方向也将是彼此相反的。

1962年，谢皮罗发表论文，论述了旋涡现象，并推断出其与地球自转的关系，引起了科学界的极大反响。

谢皮罗无疑是一个善于观察的人，这些不被常人所注意的现象没有逃过他敏锐的眼睛。最善于观察的人，应该是谢皮罗这样的人。

我们再来看进化论的创始人——达尔文是怎样通过观察在生物学界取得创新成果的。

1831年12月27日，青年达尔文踏上"贝格尔奖"的甲板去做环球考察的时候，当时的生物学家们顽固地认为，万物是上帝创造的，物种是不变的，从它被创造的那一刻起，就是现在这个样子。在考察途中，神创论在达尔文的心中开始动摇了，因为他那双眼睛发现了新的东西。

有一次，他从海洋中捕捞到许多浮游生物。它们非常微小，但数量非常大。达尔文在显微镜下观察一阵以后，向自己提出了一个问题：这些低等的生物在大海中只是沧海一粟，如果万物是上帝创造的，上帝创造它们究竟是出于哪种微不足道的目的？

达尔文来到南美大陆，他挖掘了许多古代动物的化石。有些动物已经灭绝，它们从地球上消失了，只以化石的形态存在于地下；有些化石所代表的生物还存在着。但是，从这些化石的特征看，它们与自己的后代也有些不同。

达尔文来到了加拉帕戈斯群岛。这里盛产海龟，每个小岛上的海龟都不完全一样。龟甲的颜色、厚度、拱形的大小都各不相同，脖子和腿也有长有短。但是，它们显然属于同一个物种。达尔文想，海龟为什么不一样？上帝为什么不在各个岛上创造相同的海龟？

他又考察了加拉帕戈斯群岛上的雀类。群岛共有13种雀，彼此都有亲缘关系。但是，不同的岛上的雀都有各自的特征。有的嘴粗大些，有的细小些，有的吃昆虫，有的吃种子。如果这些岛上的雀也是上帝创造的，上帝为什么要这样创造呢？

达尔文能够见人所未见，并力排众议和纷扰，通过反复观察，最终发现了进化论的秘密，为自己在生物界打开了一扇创新的窗户。

爱因斯坦、巴斯德、阿基米德、开普勒与众多科学家、发明家，他们无一不具有超凡的观察力。没有他们善于观察的双眼，也就没有他们的创新成就。

科学家迈克尔·法拉第说："没有观察就没有科学。"在科学发现中，观察扮演了极其重要的角色。人们通过眼睛去观察，但"看见"并不等于"发现"，许多机会都是在我们"看见"却没有"发现"的情况下从我们的眼皮底下溜走的。只有拥有一双雪亮并善于观察的眼睛，才能在宏观的世界和微观的世界中明察秋毫，从而成就创新。

观察，揭开创新的面纱

新事物或新结论不是摆在表面上的，它们往往被掩盖在层层表象之下。不善于观察的人经常会被假象所迷惑，与创新擦肩而过，而善于观察的人通常可以用观察这把"利剑"去撩开创新的"面纱"，从而有所成就。

托尔斯泰依靠他平时真切的观察经验，一眼就看出青年高尔基的小说《26个和1个》中的问题："你写的炉灶安放得不对。因为烘面包的火光不会像小说中所描写的那样照到人们的脸上去。"

法国印象派画家莫奈在一幅伦敦教堂画的背景上，把雾画成了紫红的颜色，引起了英国人的争议。他们认为伦敦的雾应当是灰色的。后来伦敦人在大街上仔细观察了雾的颜色，才发现莫奈是正确的。原来伦敦雾的紫红色是由于烟太多和红砖房建筑造成的。从此，英国人的看法改变了，不再把伦敦的雾看成是灰色的了，他们还推举莫奈是"伦敦雾的发现者"。

这些突破性的创意带来的创造成果，最需要的就是敏锐的观察能力，否则即使成功已碰到你的鼻子尖，你也会视而不见。作家托尔斯泰和画家莫奈正因为拥有超强的观察力，才看到别人所不能看到的现象，从而提出新颖而正确的结论。

多年来，如何在实验中"捕捉"到原子尺度的电中性物体，一直是一个世界性的科学难题。

1985年，朱棣文一举攻克了这个难题，获得了诺贝尔物理学奖。他是怎样取得突破的呢？也许谁都不会想到，他的灵感竟来自观察醉酒人的蹒跚行走。

有一天，朱棣文看到一个喝醉酒的人蹒跚地走在大街上。他仔细观察，发现醉酒的人走路左摇右晃时，愈走愈往低处走，不可能往车顶上跳，这是一种惯性使然。那么在不同激光束作用下的原子，依照惯性，应该也是往能降低的地方走。所以问题的关键就是如何利用激光束的作用，设计出一个接近绝对零度的"陷阱"，来降低经过此"陷阱"原子的能阶，进而达到捕捉原子的作用。经过多次实验，朱棣文终于成功地"捕捉"到了原子尺度的电中性物体。

我们总以为，生活中有些寻常的事物或现象是毫无价值、毫无用处，也是毫无规律、毫无意义的，所以我们对它们熟视无睹、漫不经心。但朱棣文却相信，在这个世界上，没有什么事物是毫无价值、毫无意义的。所以他时时留心，处处观察，在别人司空见惯的醉酒人走路中发现了规律性的东西，并由此受到启发而解开了一道科研难题。他的成功看似偶然，其实是必然的。

法拉第曾经说过："没有观察就没有科学。科学发现诞生于仔细地观察之中。"朱棣文对醉汉的行为进行观察，受到启发，才找到了捕获原子的方法。不要小看他的不相关的观察，这里面蕴涵着朱棣文长期磨炼得来的非凡观察力。

创新机遇是不随人的意愿产生的，是客观存在的东西，因此每个人都可以发现它。但是，事实上大多数人不能创新，只有少数人才能做到。这是什么道理呢？关键还是在观察力。只有少数人拥有敏锐的观察力，正是由于这种敏锐的观察力，使他们能洞穿表象，从而迸发出创造发明的火花。

如果没有敏锐的观察力，不能留意细节中的现象，那么就会错过创新机遇，不知不觉把发明权让给了别人。德国化学家维勒就是这样，他错过了创新机会，使钒的发明权落到了琴夫斯特木的手里。他的老师柏采里乌斯给他写了一封信，这是一封十分著名的信：

"在北方一所秘密的房子里，住着一位绝顶美丽的女神，她的名字叫凡娜迪斯。有一天，一位小伙子来敲她的房门，试图向她求爱。但是，这位女神听到敲门声以后，仍旧舒服地坐着，心里想：'让来的那个青年再敲一会儿吧！'但是，敲门声响了一次就停止了，敲门人没有坚持敲下去，而是转身走下台阶去了。这个人对于他是否被女神请进去显得满不在乎。'他究竟是谁呢？'女神觉得很奇怪，她匆忙地奔到窗口，想去瞧瞧那位掉头离去的小伙子。'啊！'女神惊奇地自言自语道，'原来是维勒！好吧，让他白跑一趟是应该的。如果他不那么淡漠，我会请他进来的。你看他那股劲儿，走过我窗子的时候，竟没有向我的窗口探一下头……'过了一段时间，又有人来敲门了。这次来敲门的人和维勒大不相同。他一直敲个不停，最后，女神只好开门迎客。进来的是漂亮的小伙子琴夫斯特木，他和女神相会了。他们结合以后，就生下了新元素'钒'。"

这封信中柏采里乌斯把创新机会比作女神，维勒没有重视它，结果只能把"钒"的发明权让给了琴夫斯特木。这个故事说明，在科学面前不能有半点疏忽。要善于观察，尤其当实验中出现新的现象时，绝不要随便放过。

处处留心，处处有创新。我们只有磨砺"观察"这把剑，才有可能揭开创新的面纱。

观察力，可以培养的力量源

观察，人人都会，但要形成观察力，还需要正确、灵活的观察方法。否则那只是"走马观花"式的观赏，根本不会培养成强大的力量源。

要想培养观察力，我们就应该学会从不同的角度去观察所看到的对象。任何片面或主观的观察方式都不利于掌握事物的本质特征，得到客观而正确的结论。我们通常所用的观察方法有两种：一种是从全局的角度去观察事物，另一种则是从局部特征去观察事物。这两种观察事物的方法是培养观察力必不可少的途径。

总揽全局的观察方法，就是要能从繁杂的事物中迅速观察到其中最本质的东西，从而把握住事物演变的脉络。

局部观察是把被观察对象的各种特性、各个方面或各个组成部分一一分解开来，认真进行观察。这样的观察可以使人们对事物了解得更加精确。例如，观察圆柱体：这个物体是什么形状？有几个底面？底面是什么形状？有几个侧面？侧面展开是什么形状？两个底面之间距离相等吗？通过这样的解剖观察后，就能掌握圆柱体的主要特征：圆柱的底面是相等的圆，它的侧面展开是一个长方形。

某些事物还需要把全面观察和局部观察结合起来，从整体到局部、从宏观到微观进行观察。两种观察方法结合利用更容易掌握事物的本质。灵活运用观察法，是培养观察力的根本要求。

鲁迅先生写《阿Q正传》时，写到阿Q赌钱的时候写不下去了，因为鲁迅先生不会赌钱。于是他请了一位叫王鹤照的人来表演。这个人十分熟悉绍兴的平民生活，他将自己了解的押宝、推牌九和赌牌时的情景，津津有味地讲给鲁迅先生听，高兴之处还哼起了赌钱时人们惯唱的小曲儿，绘声绘色，十分热闹。鲁迅先生像学生听老师讲课一样，仔细地观察着，认真地做着记录。后来他动手写作时，就把这些调查来的素材融进了作品。于是，阿Q赌钱时的生动场面才呈现在读者面前。

鲁迅进行创作并不是道听途说，而是实事求是地进行了认真细致的观察，这种正确、可行的观察便是他观察力的体现。最后，鲁迅的观察力便形成了不朽的文章《阿Q正传》的强大力量源。

观察不仅要用眼睛看，还要和思考结合起来。只有观察和思考结合起来，才能形成观察力，才能有所发现和创造。

我们来看下面一个事例：

世界上第一个发明导尿术的人，是我国唐代著名医学家孙思邈。孙思邈少时因病学医，他总结了唐以前的临床经验和医学理论，收集药方、针灸等医疗方法，写成了《千金药方》、《千金翼方》。他不仅在医学上有较大贡献，而且博涉经史百家学术，是个苦心钻研、细心观察、勇于实践的大学问家。

一天，一个患了尿潴留的病人由于排不出尿来，肚子胀得疼痛难忍。生命危在旦夕，家人恳求孙思邈赶快救救他。孙思邈诊察了病情，知道吃药已来不及了。他沉思着，心想：尿流不出来，怕是管排尿的口子不通。如果想办法用根管子插进病人的尿道，也许能使病人把尿排出来。可是，到哪儿去找这种又细又软的管子呢？正在孙思邈为难之际，恰好看到邻居一小孩拿着一根烤热了的葱管吹着玩。善于观察思考的孙思邈灵机一动：不妨用葱管来试一试。他马上找来一根细葱管，切去尖的一头，小心翼翼地插进病人的尿道里，再用力一吮，尿果然顺着葱管流了出来。病人得救了！现在医院里为病人导尿的胶皮管就是由葱管演化而来的。

孙思邈如果看到葱管不进一步思考，他就不可能发明导尿术。由此可见，观察只有和思考结合起来，才能找到发明创造的奥秘。

生活中无论工作还是学习，我们都需要掌握正确的观察法，学会从不同角度进行观察，并在观察过程中进行思考，这样才能将观察培养成观察力。拥有了这种观察力，我们就拥有了改造事物的力量源。

第3节 想象力：驶向创新力的风帆

从某种程度上来讲，想象力比知识更重要。因为知识是有限的，而想象力却可触及世界上的一切。所以要引爆创新潜能，想象力必不可少。想象力是创新的源泉，是提升创新力的翅膀。通过设置想象中的标靶，我们可以锻炼自己的想象力，不断创造一个又一个奇迹。

想象力是创新的源泉

老师问幼儿园的小朋友："花儿为什么会开放啊？"

一位小朋友说："花儿睡醒了，想出来看太阳。"

另一位小朋友说："花儿想跟小朋友比一下，看谁的衣服漂亮。"

还有一位小朋友说："太阳出来了，花儿想伸个懒腰，结果把花朵顶开了。"

也有小朋友说："花儿想听听小朋友唱什么歌。"

小朋友的思维中蕴涵着无穷的创意、无边的想象。想象是人类独有的一种高级心理功能。它是在现实形象的基础上，通过大脑的回忆、加工和新的综合，创造生成新的形象的心理过程。通过想象，我们能把世界上许多事物联系起来，使我们的认识不再受时间和空间的限制，从而创造出一个更为广阔的世界。

爱因斯坦告诉我们："想象力比知识更加重要，因为我们了解的知识终归是有限的，而想象力却能包含整个世界，以及我们的未来和我们将来能了解的一切。"

著名的理论物理学家、1969 年诺贝尔物理学奖得主盖尔曼曾经说过："作为一个出色的理论物理学家，想象力很重要。一定要想象、假设！也许事实并不是这样，但是这样可以使你接着往前研究。"

牛顿说："没有大胆的猜测，就得不出伟大的发现。"

黑格尔说："想象是最杰出的艺术本领。"

科学发现、技术发明等创造性活动都离不开想象力。只有开启想象的闸门，才能有力地伸展它的双翼，才会让我们的思想飞到成功之巅。

有人曾用一个形象的比喻来说明想象力在创新活动中的作用：创新活动犹如矫健的雄鹰，客观实际是这只雄鹰的躯体，想象力则是它的翅膀。雄鹰是因为有了翅膀才能振翅于高空，漫游于天际的。

想象力对于创新活动的影响是巨大的，它是创新的源泉。

法国著名作家儒勒·凡尔纳表现出的惊人想象力被许多人所熟知。他在无线电还未发明之前就已经想到了电视，在莱特兄弟制造出飞机之前的半个世纪已想到了直升机和飞机。什么坦克、导弹、潜水艇、霓虹灯等，他都预先想象到了。他在《月亮旅行记》中甚至讲到了几个炮兵坐在炮弹上让大炮把他们发射到月亮上。据说齐尔斯基——宇宙航行开拓者之一，正是受了凡尔纳著作的启发，才去从事星际航行理论研究的。

俄国科学家齐奥科夫斯基青年时代就被人们称为"大胆的幻想家"，他把未来的宇宙航行分成 15 步。值得惊叹的是，在齐奥科夫斯基做出这一大胆的幻想的时候，莱特兄弟的飞机还尚未问世。当时除了冲天鞭炮以外，世界上没有什么火箭。更加令人吃惊的是，许多想象通过近几十年的航空、航天技术的发展已经成为活生生的现实。也就是说，由于火箭、喷气式飞机、人造卫星、阿波罗登月计划、航天轨道站以及航天飞机的相继成功发明，齐奥科夫斯基的前 9 步都已基本实现。

早在齐奥科夫斯基的论文《利用喷气机探索宇宙》发表前 30 年，凡尔纳就发表了《从地球到月球》、《环绕月球》等科学幻想小说，提出了飞向月球的大胆设想。他想象在地球上挖一个 300 米深的发射井，在井中铸造一个大炮筒，把精心设计的"炮弹车厢"发射到月球上去。他甚至选择了离开地球的最近时刻，计算了克服地心引力所需的速度以及怎样解决密封的"炮弹车厢"的氧气供给问题，这些对宇航研究很有启发。科学的发展以想象为先导，人们通过想象在头脑中拟定研究过程的伟业和蓝图，借助于想象在头脑中构成可能达到的预期结果。正是通过齐奥科夫斯基和凡尔纳丰富的设想，为人类登上月球在思维创造上开辟了道路。

韩信是汉朝著名的军事将领。有一天，汉高祖刘邦想试一试韩信的智谋。他拿出一块 5 寸见方的布帛，对韩信说："给你一天的时间，你在这上面尽量画上士兵。你能画多少，我就给你带多少兵。"

站在一旁的萧何心想：这一小块布帛，能画几个兵？于是他暗暗为韩信捏了一把汗，不想韩信毫不迟疑地接过布帛走了。

第二天，韩信按时交上布帛。刘邦一看，上面一个兵也没有，却不得不承认韩信的确是一个胸有兵马千万的人才，于是把兵权交给了他。

那么韩信在布帛上究竟画了些什么呢？

原来，韩信在上面画了一座城楼，城门口战马露出头来，一面"帅"字旗斜出。虽没见一兵一卒，却可想象到千军万马之势。韩信的过人想象力由此可见一斑。

在一场绘画的测试中，题目是要求考生们在一张画纸上用最简练的笔墨画出最多的骆驼。当答卷交上来时，评审发现，很多考生都在纸上画了大量的圆点，用圆点表示骆驼。但这些画都被认为缺乏想象力，因为其作画的思路都是：尽可能画更多的骆驼。而无论在纸上画多少圆点，其数量都是有限的。

唯独有一位考生的画纸上与众不同：一条弯弯的曲线表示山峰和山谷，画上有一只骆驼从山谷中走出来，另一只骆驼只露出一个头和半截脖子。谁也不知会从山谷里走出多少只骆驼，或许是一个庞大的骆驼群。因而，这位考生当之无愧夺得了冠军。

想象是创新的先导，是智慧的翅膀。想象力是人类特有的天赋，是一切创新活动最伟大的源泉，是人类进步的动力。假如你的创新之河即将干涸枯竭，那么，就请展开你的想象力吧，它将会使其奔流不息。

不会想象的人难于创新

想象力是一种能力，它具有自由、开放、浪漫、跳跃、形象、夸张等心理活动的特点。想象力使思维逍遥神驰，一泻千里，超越时空。创新需要想象，想象是创新的前提。想象力概括着世界上的一切，没有想象不可能有创新。

"发挥你的想象，画出你的设计，从最简单的设计到最不可思议的想法，你可以尽情地展开想象的翅膀。"这就是1994年下半年日本索尼公司举办的国际"未来家庭娱乐产品概念设计大赛"的理念。参赛的国家和地区有澳大利亚、新西兰、新加坡、菲律宾、印度尼西亚、印度、中国等，参加者主要是大、中、小学生。北京8所高校和12所中小学校的1366名学生参加了这项大赛，其中不乏名牌高校和重点中小学的学生，如清华大学、北京大学、北京航天大学、中央工艺美术学院、人大附中、北京实验小学、中关村一小等。

但是结果是两个组的冠军、亚军和季军都被其他国家和地区的参赛者拿走，北京赛区的设计作品仅仅只有一项勉强入围，名列少年组8个获奖者的最末（纪念奖）位次。这项名为"宇宙旅行健身室"的设计在国内评奖时，被评为第2名。

相比之下，中国学生的设计的确让人汗颜，一是视野狭小，二是设计思维简单、片面，缺乏奇异构想。而国外学生设计的产品表现出奇思异想，让人大开眼界。如获得冠军的印尼学生的作品对家庭娱乐产品概念的想象和构思大大超出了地球的范围，专家们称之为"宇宙思维"。

中国学生的想象力哪儿去了？中国学生的创新意识和创新力哪儿去了？提出这个问题的目的当然不是找谁来承担责任，值得关注的是问题本身。

我们发现，不但是学生，在社会工作的青年人、中年人以及老年人都是如此，而且年龄越大，所学知识越多，社会阅历越丰富，想象力就越衰退，创新力也愈衰弱。

1968年，大洋彼岸的美国内华达州曾经发生了一场诉讼案，这场诉讼关注的是学生想象力的问题。

一天，美国内华达州一个叫伊迪丝的3岁小女孩告诉妈妈，她认识礼品盒上"OPEN"的第一个字母"O"。这位妈妈非常吃惊，问她怎么认识的。伊迪丝说："是薇拉小姐教的。"

这位母亲表扬了女儿之后，一纸诉状把薇拉小姐所在的劳拉三世幼儿园告上了法庭，理由是该幼儿园剥夺了伊迪丝的想象力。因为她的女儿在认识"O"之前，能把"O"说成苹果、太阳、足球、鸟蛋之类的圆形东西，然而自从劳拉三世幼儿园教她识读了26个字母后，伊迪丝便失去了这种能力。她要求该幼儿园对这种后果负责，赔偿伊迪丝精神伤残费1000万美元。

诉状递上之后，在内华达立刻引起轩然大波。劳拉三世幼儿园认为这位母亲疯了，一些家长认为她有点小题大做；她的律师也不赞同她的做法，认为打这场官司是浪费精力。然而，这位母亲却坚持要把这场官司打下去，哪怕倾家荡产。

三个月后，此案在内华达州立法院开庭。最后的结果出人意料，劳拉三世幼儿园败诉，因为陪审团的 23 名成员被这位母亲在辩护时讲的一个故事感动了。

她说："我曾到东方某个国家旅行，在一家公园里见过两只天鹅，一只被剪去了左边的翅膀，一只完好无损。剪去翅膀的天鹅被放养在较大的一片水塘里，完好的一只被放养在一片较小的水塘里。当时我非常不解，就请教那里的管理人员。他们说，这样能防止它们逃跑。我问为什么，他们解释，剪去一边翅膀的天鹅无法保持身体平衡，飞起后就会掉下来；在小水塘里的天鹅虽然没被剪去翅膀，但起飞时会因没有必要的滑翔路程而老实地待在水里。当时我非常震惊，震惊于东方人的聪明。可是我又感到非常悲哀，为两只天鹅感到悲哀。今天，我为我女儿的事来打这场官司，是因为我感到伊迪丝变成了劳拉三世幼儿园的一只天鹅。他们剪掉了伊迪丝的一只翅膀，一只幻想的翅膀；人们早早地把她投进了那片小水塘，那片只有 ABC 的小水塘。"

这段辩护词后来成了内华达州修改《公民教育保护法》的依据。现在美国《公民权法》规定，幼儿在学校拥有两项权利：一是玩的权利；二是问为什么的权利。

这位年轻的母亲为了保护女儿的想象力可以站出来打一场官司。她的行为不但强调了想象力对于人类是多么的重要，而且还启示我们：要想创新，要想发展，任何时候都不能丧失想象力。我们要自觉自发地保护我们的想象力，开发想象力。

不会想象的人难于创新。一个人如果缺乏想象力，墨守成规，用标准的尺寸去衡量世界，那么，很可怕，他将会永远看到一个一成不变的世界。他也只能在原地踏步，不会有所创新，更不可能进步。这对于学生、家长、上班族、学校和社会都有很大的启示作用。

设置想象中的标靶

想象并非信马由缰，一个善于想象的人会设置想象中的标靶。"想象的标靶"这个概念是由心理学家凡戴尔证明的，这是一个人为控制的意识：

让一个人每天坐在靶子前面，想象着自己正在对靶子投镖。经过一段时间后，这种心理练习几乎和实际投镖练习一样能提高准确性。设置想象中的标靶，可以最大限度地利用想象力，以最快的速度达到创新。

许多人认为，只有爱因斯坦那样的伟大人物才能够通过想象力创造奇迹。而事实上，我们每个人都有创造奇迹的天赋，只是大多数人没有发挥出来而已。如果你怀疑这个论断，就请从下面的实验中验证一下吧！这个论断也告诉我们，倘若我们想象着自己在做某件事，脑子里留下的印象和我们实际做那件事留下的印象几乎是一样的。通过想象力完成的实践还能够强化这种印象，有些事情甚至单纯通过想象力就可以实现。

美国报刊曾报道过一项实验，从中可显示出想象力的巨大威力。实验人员以改进投篮技巧为试验方式，将被试验的学生分成三组。第一组学生在 20 天内每天练习实际投篮，把第一天和最后一天的成绩记录下来；第二组学生也记录下第一天和最后一天的成绩，但在此期间不做任何练习；第三组学生记录下第一天的成绩，然后每天花 10 分钟做想象中的投篮。如果投篮不中时，他们便在想象中做出相应的纠正。

实验结果表明：第一组的学生每天实际练习 20 分钟，20 天过去了，进球率增加了 24%；第二组的学生因为没有练习，所以也没有任何进步；第三组学生每天花 10 分钟的时间来想象练习投篮 20 分钟的情景，最后进球率增加了 26%！这表明，想象力的作用是巨大的，不可忽视的。

查理·帕罗思在《每年如何推销两万五》的书中讲到推销员设置想象中的标靶，最终提高销售业绩的事情。其具体做法是：想象自己完成了多少销售任务，然后找出实现的方法。这样反复想象，直到实际完成的任务量达到想象中完成的任务量。

事实表明，他们取得好成绩很正常，他们也越来越善于处理不同的情况。一些卓有成效的推销员通过想象力，设置想象中的标靶，并结合自己实际的操作，取得了很高的工作业绩。

他们还深刻地得出以下体会：每次他们同顾客谈话时，顾客说的话、提的问题或反对意见，都体现了一种特定的情境。倘若他们总是能估计顾客要说些什么，并能马上回答他的问题，妥善处理他的反对意见，他们就能把货物推销出去。

一个成功的推销员自己就可以想象推销时的情境，想象出客户怎样习难自己、自己应该怎样对付，等等。由于事先想象过了，因此不管在什么情况下，你都能够做到有备无患。你可以想象和顾客面对面地站着，他提出反对意见，给你出各种难题，而你迅速而圆满地加以解决。

给自己设置想象中的标靶，是一种锻炼想象力的方法，也是一种提升创新力的方法。设置想象中的标靶，可以不断创造奇迹。下面是一名高尔夫球手身上发生过的事情，或许可以带给我们一些启示。

曾经有一个高尔夫球手，他的成绩过去常常徘徊在90多杆。由于环境的影响，他有7年时间没有再碰过球。而当他重回高尔夫球场时，他打出了74杆的好成绩。

在这没碰球的7年间，他没有上过一次高尔夫球课程，而且身体状况也在持续不断地恶化——他是战俘，被关在狭窄阴暗的牢房中，其中有5年半的时间他被单独关押，与世隔绝。在前几个月里，他天天祈祷以求获释。当一切已然绝望后，他决定找一个办法让自己生存下去。

在那狭小的牢笼，他决定用想象打高尔夫球。7年间，他每天都在脑海中打一次18洞的高尔夫，而且想象每一个具体细节——赛程、天气、服饰、树木、发球区、旗杆的位置。同时，他进一步想象击球的每一细节，用眼睛盯着球，背部摆动挥杆，于是球在空中飞翔，跃上果岭。

他就这样用想象的思维去打这18洞球，用与实际打球所花时间相同的4小时想象完成整个过程——这就是在7年未碰过球之后，他还能取得那么好的成绩的原因！

古今中外，很多知晓"想象中的标靶"威力的人曾自觉或不自觉地运用了想象力和排练实践来完善自我，获取创新力，最终取得成功。

亨利·凯瑟尔说过："事业上的每一个成就实现之前，他都在想象中预先实现过了。"人们过去总是把想象和魔术联系起来，实际上，想象力在成功学与创新领域中，确实具有难以预料的魔力。

但是，想象力并非"魔力"，它是我们每个人大脑里生来就有的一种思维能力。如果你想看看自己的想象力到底有多大能量，不妨自己试验一下。

第4节 多元思维能力：
思维转换中开启创新大门

多元思维能力是提升创新力的又一个重要内容，它综合利用各种思维方式，从不同角度系统地分析、解决问题，给我们开辟创新的途径。多元思维能让人触类旁通，能让创意层出不穷。灵活运用多元思维，可以将我们的创新力提升到另一个层次。

多元思维能力让创意层出不穷

多元思维是同时以多种不同组分作为思维元素的思维。在实践中，由于人们面临问题的复杂性和多样性，必须把不同类型的思维元素融合起来，应用多元思维，进一步发挥人的思维的能动性与创造性。从思维元素的角度来看，多元思维不是某一单个的元素的运用，而是围绕着一定的问题形成的元素的集合。

多元思维能力不是特指某种思维能力，而是多种思维元素的思维水平（已有的认识高度）、思维方法（归纳、演绎、推理等方法的运用）、思维品质（思维的目的性与系统性、灵活性与敏捷性、广阔性与深刻性等）的综合体现。多元思维能力侧重的是综合利用各种思维方式，从不同角度系统分析、解决问题的能力。

充分发挥多元思维能力，进一步提升思维创新力，你会发现你的创意就像雨后春笋般不断涌现。

米多尼公司是生产创可贴的专业厂家。由于这种橡皮膏生产工艺简单，所以市场竞争十分激烈。眼看着自己的市场占有率不断下降，米多尼的老板愁眉不展、苦思良策，终于想出了一个新招——注入情感销售。

很快，一种名为"快乐的伤口"的新式创可贴在市场上出现了。受伤本是痛苦的事，何来"快乐"？待看过新产品的包装式样，你便会惊叹于这创意的新奇了。新式创可贴摒弃了传统产品的肉色色彩，一反常态地采用了鲜艳的桃红、橘黄、翠绿、天蓝等花哨的颜色。外形也不再是单调的条状，而是采用了心形、五星形、十字形和香肠形等，还在上面印上了"花头巾"、"好疼啊"、"我快乐极了"等幽默动人的文字，让人看了忍俊不禁。这种带有情感色彩的创可贴一经推出，求购者十分踊跃，孩子们对新创可贴更是钟爱，据说还有的孩子为了贴上这种创可贴故意弄破皮肤呢！"快乐"创可贴在不到一年的时间里就售出830万盒，销售额高达15亿日元，令那些墨守成规的竞争对手们目瞪口呆。

"快乐的伤口"产生的过程得益于米多尼老板的多元思维能力：由痛苦想到快乐，他运用了逆向思维；由单一颜色想到多种颜色，由固定外形想到各种外形，他运用了发散思维；由枯燥的造型到添加各种色彩、图形、文学元素，他运用了形象思维……

总之，正是多元思维能力让米多尼创意层出不穷，开辟了创可贴的新市场。

多元思维让人触类旁通

多元思维的力量是巨大的。一个人如果不善于运用多元思维，学一点知识就是一点知识，那么他的知识将永远是量的叠加，不会有质的变化。如果他善于运用多元思维，便能举一反三，闻一知十，触类旁通，实现认识上的飞跃。

哈维在创立血液循环学说以前读了哥白尼的日心说，受益匪浅，他从"行星可以绕着太阳循环运动"思考血液是否也可以绕着心脏做循环运动。

带着这个问题，他经过多年的反复实验，终于发现：由于心脏的跳动、动脉搏动和静脉瓣结构，保证了血液在体内循环运动……就这样，哈维创立了血液循环学说。

日本的田熊常吉，原来是一位木材商。后来他革新了世界上著名的锅炉，创造了田熊式锅炉。

一次，他翻阅小学自然课本时，有关血液循环的知识引起了他的重视。他将锅炉的模型与血液循环的模型进行比较，甚至将两者重叠起来进行一一对比，从中模拟、借鉴，产生了创造性思维，确立了创造目标，实现了革新锅炉的目的。

从日心说到血液循环学说，从血液循环到锅炉革新，这种由触类旁通引发的创新靠的是多元思维能力。"行星绕着太阳循环运动"和人体好像没什么关系，但哈维却凭着敏捷的思维把它应用到人体血液循环中。血液循环和锅炉似乎风马牛不相及，但木材商田熊常吉却用它来进行锅炉革新。这些均得益于他们的灵感思维、联想思维、系统思维等多元思维能力。很多新学说、新事物的产生无不和这种同类触发、系统整合的思维方法有关。

20 世纪 40 年代，纽扣市场的竞争越来越激烈，拉链的应用也越来越广泛。随着社会生活水平的不断提高和纺织品的不断丰富，人们对纽扣、拉链之类用品的需求量越来越大，其渴望新产品的心情也越来越强烈。

因此，许多专业人员都在探讨和研究新的产品。

1948 年秋季的一天，瑞士的马斯楚和朋友们去登山。山上风光很好，但是脚下的鬼针草却很烦人——两条裤管粘得到处都是。坐下去歇口气，臀部也会被刺得隐隐作痛。他们花了好长时间才将那些讨厌的东西拔下来，可没走几步又浑身都是，真是烦透了。

结果他们一天的兴致都让这鬼针草给弄没了，回到家里还得一根根地拔。为了搞个明白，马斯楚拿来放大镜，仔细地观察起来。他发现，这种草很特殊，长了很多细细的带钩的针毛，它们之所以到处粘人就是这些细毛在作怪。

马斯楚猛然想到，制造像这种形状的针毛，不是就可以取代纽扣、拉链了吗？经过多次研究和试验，他终于成功地制造了免扣带。这种免扣带投入市场后，受到了消费者的欢迎。

机遇来到眼前，还得有眼力去发现它，有能力去掌握它。只有这样才能快人一步，抢得先机。而这靠的就是多元思维。

在上面的例子中，马斯楚有机遇，更有眼力。鬼针草已经存在了成千上万年，但从来不被人所重视。可他却抓住了其中的奥妙，由鬼针草触发创意，先人一步，发明了免扣带。

马斯楚充分运用了联想思维、发散思维、灵感思维、整体思维等多元思维方式，不但联想到纽扣、拉链，还将两者结合思考，终于有所发现，有所发明。这就是他的精明之处，也是他成功的关键。运用多元思维，才会有新奇的想法，而新奇的想法会让我们触类旁通，由此及彼，最终实现创新。

多元思维广泛发散，广泛联系。它善于将各种思维素材与所需相关的课题联系起来，由外到内，使信息交汇，迅速融合，以寻找到切合点，借以产生新的信息、新的创意。总之，多元思维越丰富，越敏捷，创新的概率和效率就越高。

活用思维，成就创新

古人曰："行成于思。"没有思维的变革就不会产生行为上的变化。也可以说，人类历史上的所有新东西都是从思维创新开始的。

确实，人类利用思维的力量，看到天然的森林大火而想到保存火种，进而钻木取火；利用思维的力量，人类只需挖一个陷阱，在陷阱口上盖些茅草，便能让最凶猛的野兽束手就擒；利用思维的力量，人类能够在头脑中设计出千万种自然界并不存在的奇妙玩意儿，并把这些玩意儿变成实实在在的东西……

人的思维是多元的，它给了我们一个自由大胆的想象空间。它的特点是不囿于一种思路，而是沿着多种思路进行。善于思考，活用思维，我们就可以在最短的时间到达创新成功的彼岸。

霍英东是中国香港杰出的运输大王和房地产巨头。有一次，他收购了一家濒临倒闭的大酒店。在重新装修时，他发现这栋仿古的中式建筑楼群有许多大圆柱。这些大圆柱其实只是作为古典的装饰而已，里面是空心的，在建筑设计上并没有起受力作用。他想，如果将这些空心的柱子挖几个"窗口"，再用玻璃罩上，就可以做陈列商品的橱窗。该酒店地处中国香港闹市区，是寸土寸金之地，也是众多商家看中的风水宝地。果然，霍英东把这些橱窗出租给中国香港几家大珠宝商和化妆品厂家，每年从中收入5万美元租金。

思维具有无穷的魅力。习惯于单一思维的人会一条路走到黑，发现不了路边蛰伏的创新机会。而那些成功者却往往是机灵敏捷之人，他们拥有很广阔的思维空间，善于活用思维。所以，成功的道路上他们总会左右逢源。善于思索的霍英东从看似无用的空心圆柱想到了陈列商品的橱窗，因此获得了创意的机会。

既然我们被自然赋予思维——这样神奇的力量，我们就要善于活用它，让它更好地为我们服务。创造性地运用思维就能实现创新。

第3章

突破羁绊创新意识的4种思维定式

　　人们的意识中往往存在着思维定式。从众心理、迷信权威、相信经验、照搬教条等，都是思维定式的典型。思维定式使我们变得盲从、浅见，变得保守、落后。只有突破思维定式的束缚，迈出旧有的圈子，踏上创新的征程，才能向更高的人生境界迈进。

第1节 从众定式
——锁在别人的头脑里

从众定式是思维定式中最常见、最重要的因素之一，它不利于个人独立思考和创新意识的培养。从众有时是盲目跟随，结果只会被淘汰，因为过于屈服于大众会过早地扼杀创新力。理解了"枪不一定打出头鸟"、"真理往往掌握在少数人手里"，我们才能大胆地跳出从众定式，勇于挖掘创新力。

"跟着大家走，没错！"

你应该有过这样一些经历：

你骑着自行车来到一个十字路口，看到红灯亮着。尽管你清楚地知道闯红灯是违反交通规则的，但是你发觉周围的骑车人都没有停车，而是对红灯视而不见往前闯，于是你犹豫了一下，也跟着大家一起闯红灯。

你经过几天几夜的思考，获得了一个自以为很好的新想法。当你把这个想法告诉一位同事，那位同事说："你错了！"你又告诉第二位同事，第二位同事还是说："你错了！"于是，你告诉自己："大家都认为我是错的，看来我的确是错了。"

你与朋友们上街买衣服，在琳琅满目的商品中挑来拣去。你选中了一件自己喜欢的衣服，但朋友们普遍认为这件衣服不怎么好、不怎么适合你、不怎么实用等，罗列了一大堆意见。于是迫于多数人这种"无形的意见压力"，你最终放弃了自己的意见。

再来看一个生活中经常碰到的例子：

节假日有一家超市在搞优惠促销活动，于是发生了这样一个笑话：有一位老头，看见很多人挤着排队，自认为一定是买什么好东西，便跟在后面排了起来。排了一个多小时终于轮到他买了，一看是每人只能买两包卫生纸，真是哭笑不得。

你看到上面事例的共同点了吗？不错，就是从众。

从众就是一个人因受到群体的影响，最终放弃自己的意见，转变原有的态度，采取与多数人相一致的行为现象，也就是我们通常所说的"随大流"。它是引发思维定式的最常见也是最主要的因素之一。从众定式通常表现为在认知事物、判定是非的时候，多数人怎么看、怎么说，自己就跟着怎么看、怎么说，人云亦云；多数人做什么、怎么做，自己也跟着做什么、怎么做，缺乏独立思考的能力。

究其原因，思维上的从众定式，使得个人有一种归宿感和安全感，能够消除孤单和恐惧等有害心理。另外，以众人之是非为是非，人云亦云随大流，也是一种比较保险的处世态度。自己跟随着众人，如果说得对、做得好，那自然会分得一杯羹；如果说错了、做得不好，也无须自己一人承担责任，况且还有"法不治众"的习惯原则。所以，很多人愿意采取"从众"这种"中庸"的处世方式。

从众是人类或群体动物长期以来形成的生活方式，本来无可厚非。但有时人们的从众心理具有盲目性，大家都参与，于是自己也参与，也不问所参与事情的是非对错，这样导致的后果往往令人啼笑皆非。如果一个人做事情不独立思考、盲目跟从，那么，他一定会形成一种从众定式。从众定式是可怕的，由于人们的思想被"随大众"所局限，自己的意志和思想无法发挥作用，因而不可能做出创新之举。只有那些敢于跳出从众潮流，表现出"与众不同"行为的人，才有可能摘取创新之果。

过于屈服将会扼杀创新力

在生活中，每个人都有不同程度的从众倾向，一般是倾向于大多数人的想法或态度，以证明自己并不孤立。有人做过研究，持某种意见人数的多少是影响从众的最重要的一个因素。"人多"本身就是说服力的一个证明，很少有人能够在众口一词的情况下还坚持自己的不同意见。

1952 年，美国心理学家所罗门·阿希做了一个实验，研究人们会在多大程度上受到他人的影响而违心地做出明显错误的判断。他请大学生自愿做他的试验者，告诉他们这个实验的目的是研究人的视觉情况。当某个大学生走进实验室的时候，他发现已经有 6 个人先坐在了那里，他只能坐在第 7 个位置上。事实上他不知道，其他 6 个人是跟阿希串通好了的，只有他是受试者。

阿希要大家做一个非常容易的判断——比较线段的长度。他拿出一张画有一条竖线的卡片，让大家比较这条线和另一张卡片上的 3 条线中的哪一条线等长。实验共进行了 18 次。事实上，这些线条的长短差异很明显，正常人是很容易做出判断的。

然而，在两次正常判断之后，6 个串通好的人故意异口同声地说出一个错误答案。于是那个人开始迷惑了，他是相信自己的眼力呢，还是说出一个和其他人一样但自己心里认为不正确的答案呢？

从结果看，平均有 33% 的人的判断是从众的，有 76% 的人至少做了一次从众的判断。而在正常的情况下，人们判断错的可能性还不到 1%。当然，还有 24% 的人没有从众，他们按照自己的正确判断来回答问题。

研究表明，从众性与创新性呈负相关趋势。从众者自觉的创新意识淡漠，内在的创新动机弱化，思路窄而浅，缺乏自信心与独立性，焦虑感重，依赖性强。姑且不论其能否发现问题，即使是真的发现了，他也不敢大胆地求证和否定。

木秀于林，风必摧之；人出于群，言必毁之。压力是人们屈服于群众的一个决定因素。在一个单位内，谁做出与众不同的判断或行为，谁就会被其他成员所孤立，甚至受到严厉惩罚，因而所有成员的行为往往高度一致。美国霍桑工厂的实验很好地说明了这一点：工人对自己每天的工作量都有一个标准，因为任何人超额完成都可能使管理人员提高定额，所以没有人愿意去打破这个标准。这样，一个人干得太多就等于冒犯了众人，干得太少又有"磨洋工"的嫌疑。因此，任何人干得太多或者太少都会被提醒，而任何一个人冒犯了众人都有可能被抛弃。为了免遭抛弃，人们就不会去"冒天下之大不韪"，而采取"随大流"的做法。试想，这种时时处处屈服于大众的人，创新力从何而来呢？

从众定式不利于个人独立思考和创新意识的增强。如果人一味地"从众"，一味地屈服，那么他就会越来越不愿开动脑筋，更不可能获得创新。

对于一个团体来说，"一致同意"、"全体通过"并不见得是好事，可能它是集体屈从的现象，可能它的背后隐藏着"从众定式"。

在美国通用汽车公司的一次董事会议上，有位董事提出了一项决策议案，立即得到大多数董事的附和。有人说，这项决策能够大幅度提高利润；有人说，它有助于我们打败竞争对手；还有人说，应该组织力量，尽快付诸实施。

然而，会议主持人却保持了冷静的头脑。他说："我不赞同刚才那种团体思考方式，它把我们的头脑封闭在一个狭小的天地内，这会导致十分危险的结果。我建议把这项议案搁置一个月后再表决，请每位董事各自独立地想一想。"一个月后，他们重新讨论那项议案，结果被否决了，而有人提出了另一项更有创新性的议案。

会议主持人无疑是聪慧的，他嗅出了从众的气息，觉察到了从众的危险性，及时跳出了从众定式，使公司避免了一场未知的损失。同时，他给大家开辟了避开从众的创新空间，让大家的创新力得到充分发挥。

我们要想在生活中、事业上有所成就、有所创新，就要摆脱盲目从众、过分屈从的心理，善于独立思考，对事情保留自己的看法。

盲从只会被淘汰

法国的自然科学家法伯曾经做过一次有趣的"毛虫试验"。

法伯把一群毛虫放在一个盘子的边缘，让它们一个紧跟着一个，头尾相连，沿着盘子排成一圈。于是，毛虫们开始沿着盘子爬行，每一只都紧跟着自己前边的那一只，既害怕掉队，也不敢独自走新路。它们连续爬了 7 天 7 夜，终于因饥饿而死去。而在那个盘子的中央，就摆着毛虫们喜欢吃的食物。

毛虫有着一种强烈的"从众倾向"，这是自然界的"盲从"现象。盲目的毛虫最终只能被食物"遗弃"，惨遭"淘汰"。

很多人都知道现代经济学上的鲶鱼效应，但是很少有人知道人类学上还有个鲦鱼启示录。如果仅将鲦鱼的实验拿来解释人类行为，可能不见得完全合理，但就人类与其他生物事实上具有某些共通性的特征而言，鲦鱼的实验为人类至少提供了一个启示。

鲦鱼是一种群居的鱼类，这是因为它们没有太大的能力去攻击其他鱼类的缘故。通常它们有一个聪明且活动力强的首领，其他的鲦鱼便追随在它后面，形成一种极有趣味的马首是瞻的生活秩序。

动物行为专家曾做了一个实验，他们将一条鲦鱼的脑部割除，然后将这条鱼放入水中。此时，它不再游回群体，而是任凭自己的喜好游向任何方向。令人惊讶的是，其他鲦鱼这时都盲目地跟随着它，使得这条无脑的鱼成为鱼群的领导者。

在这个故事中，我们关心的并不是那条无脑的鲦鱼，而是那一大群跟在后面盲目从众"随大流"的追随者。假如这条充当首领的鱼犯了某个错误，像那条被切除脑部没有判断能力的鲦鱼，不小心把后面从众者带领到大鱼活动的区域，那么等待它们的将会是"全军覆灭"。

有一个人写征婚启事，对"有意者"的身高提出要求，而且精确到小数点后两位。有人问他："身高对于婚姻有什么意义？"他回答："别人征婚都有这一条。"确实，他的回答自有他的道理。在很多场合，"别人都这么做"就是"我这么做"的最充分的理由。这似乎成了一条不言自明的公理。但很多人都没有意识到像这样盲目跟在别人后面跑实际上是没有意义的，别人失败你也会跟着失败，别人成功你已时机尽失，等待你的还是失败。就像这个征婚者，征婚启事盲目追随不成文的"规则"，毫无自己的个性，人云亦云，很大程度上他可能会被爱情所抛弃。

无论在生活上还是工作中，如果我们没有主见，一味盲从，不善于独立思考，那么，被社会"淘汰"的结果也就不远了。

枪不一定打出头鸟

一个从众定式较弱的人，常常被大家认为"不合群"、"好斗"、"古怪"、"鹤立鸡群"等。只要有机会，大家就会对这种人群起而攻之。

心理学家做过这样一次实验：在一个小组中，有一个经常标新立异、特立独行的"不合群"的人。心理学家请这个小组推荐一个人去参加一次令人不愉快的惩罚性实验，结果大家不约而同地推荐那位"不合群"的人；如果请同一个小组推荐一个人去参加一次有奖励的实验，结果大家谁也不愿推荐那位"不合群"的人。

　　这个实验充分说明，不从众的人会受到群体的排挤和攻击。尽管很多人不明白大家为什么要那么做，但越来越多的后来者加入到这个从众定式中来，而敢于"出头"的人却越来越少了。

　　人都是害怕被孤立的，也习惯于在众人之中找到认同感和安全感，但往往是这种从众心理使很多人不敢做"出头鸟"，不敢有和别人不一样的行为和想法，由此成为创新路上的一大阻碍。

　　福尔顿是一名物理学家。一次，他采取新的测量方法测出了固体氦的热传导度，但这个结果比按照过去的理论计算出来的数字高出了 500 倍。福尔顿感到这个差距太大了，如果公布了难免会被人视为故意哗众取宠。于是，他既没有公布自己的测量结果，也没有进行更深入的研究。

　　没多久，美国一个年轻的科学家在一次实验中也测出了固体氦的热传导度，其结果和福尔顿测出的一样。他如获至宝，立即公布了结果，很快就引起了科学界的广泛关注，赢得了一片赞誉，并由此发现了一种新的测量热传导度的方法。

　　得知这一消息后，福尔顿追悔莫及。

　　福尔顿的失败归根结底就是他害怕跟别人不一样，害怕自己会被别人取笑。

　　枪不一定打出头鸟。一个真正的创新者，不仅是独特的，更是无惧的，敢于冒尖的。他们的无惧表现在不被别人的言行所左右，不被大众的习惯所束缚，勇于做一个面临各种危险的"出头鸟"。

　　很多奇迹都是由"出头鸟"来创造的。

　　"别人能做的事，我也能做。"一个小男孩这样说。他就是后来成为英国著名首相的比肯斯菲尔德。"我不是一个奴隶，我不是一个俘虏，凭我的力量，再大的困难我也能征服。"他的血管里流着犹太人的血，有着那个种族特有的精神气质。

　　当首相麦尔本问他将来想干什么时，这位活泼、大胆的年轻人回答说："我要当英国首相。"刹那间，讽刺、挖苦、嘲笑的声音回响在众议院的大厅里。比肯斯菲尔德却平静地宣称："那样的时刻总有一天要到来，那时你们将在这里听见我的声音。"在议会选举中三次失败，他丝毫没有动摇。他不断拼搏，从社会下层到中间阶层，再到上流社会，直到最后成为英国首相，镇定自若地站在政治和社会权力的中心位置，领导着那些对他的种族带有强烈偏见的人——他们曾极其轻视这位完全靠自我奋斗、没有任何背景的人。

想做一个创造奇迹的"出头鸟"，首先可能面对的就是人们不理解的目光和嘲讽的压力，但下定决心想要成功的人就应该像英国著名首相比肯斯菲尔德一样，敢于顶住各种压力，勇于做一个冒尖的"出头鸟"。

除了人们的冷嘲热讽，做"出头鸟"也许会冒一些风险，但冒险往往是成功的开始。很多创新者、科学家，他们的成功凭的就是一个"敢"字，一种敢为"出头鸟"的精神。所以我们要时刻警醒自己：不管别人如何得过且过、如何平庸，我们都不要随波逐流，要大胆地站出来，做一只勇敢的"出头鸟"。

真理往往掌握在少数人手里

不论生活在哪种社会、哪个时代，最早提出新观念、发现新事物的总是极少数人。而对于这极少数人的新观念和新发现，当时的绝大多数人都是不赞同甚至激烈反对的。为什么会这样呢？

因为每个社会中的大多数人都生活在相对固定化的模式里，他们很难摆脱早已习惯了的思维框架，对于新事物、新观念总有一种天生的抗拒心理。比如，哥白尼反对传统的"地心说"而提出"日心说"，主张地球绕着太阳转。这种学说首先遭到了普通民众的反对。因为过去的"地心说"给人以稳定安全的感觉，而"日心说"会使普通民众感到惶惶不安——脚下的大地不停地转动，我们地面上的人岂不是要被甩出去了吗？地球要转到哪里去呢？转动的地球是一幅多么可怕的图景啊！……但科学证明，哥白尼的"日心说"是正确无误的。

古今中外，一切创新一开始都是对抗世俗的，是不被大众所接受的。如耶稣的说教与传统犹太教不同而被钉在了十字架上；布鲁诺宣扬"日心说"而被天主教会判处火刑；提倡"社会契约论"的卢梭则东躲西藏，终生不得安宁；马寅初因提出控制人口，被公开批判了几十年……

所以，创新需要有承担风险、接受嘲笑和批判甚至流血牺牲的心理准备。当真理不被认识的时候，要有坚持下去的勇气。

真理的发现总是伴随着排斥、责问、惩罚等磨难，这就要求我们要顶得住社会舆论的重重压力和批判，在大众无法理解甚至不断排挤的心态下坚持己见。经过或短或长的时间，相信这些真理必然会被慢慢传播出去，普及开来，为大众所接受，最终赢得胜利的曙光。

日本有一家纺织公司的董事长，名叫大原总一郎，他曾提出一项维尼纶工业化的计划。但是，这项计划在公司内部遭到普遍反对。大原总一郎不屈不挠，坚持推行自己的原定计划，终于大获成功。他父亲经常对他说："一项新事业，在十个人当中，有一两个人赞成就可以开始了；有五个人赞成时，就已经迟了一步；如果有七八个人赞成，那就太晚了。"

为了适应日益激烈的社会竞争，提高自己独立创新的思考能力，我们必须削弱思维从众倾向，克服从众心理，要充分认识到"真理往往掌握在少数人手中"的道理。在对新情况、新问题进行思考的时候，应本着开放的思想，不必过多地顾忌多数人的意见，不必以众人的是非为是非，这样才能真正打开封闭心理、开阔思路，获得新事物、新观念，最终取得成功。

杰出的德国气象学家魏格纳，发现大西洋两岸的地形非常相似，如果把它们并在一起，几乎不留什么空隙。于是在 1912 年，他提出了大胆的假说："地球上最初只有一块原始大陆，现在的各块大陆是原始大陆碎裂漂移的结果。"他的"大陆漂移说"是如此新奇，致使当时很多地质学家都认为它是荒唐可笑的。后来由于物理探测技术的发展，才使"大陆漂移说"在现代地质学中确立了应有的地位。

科学家贝尔曾想：既然文字可以用导线传送，为什么声音就不能传送呢？他兴致勃勃地把自己的想法告诉了几位电学界人士，谁知却遭到了冷遇。有的人一笑置之："小伙子存此幻想，实在是因缺乏电学知识。你只要多读两本《电学入门》，就不会有导线传递音波的狂想。"有的人挖苦嘲讽他："电线怎能传递声音？天大的笑话……正常人的胆囊是附在肝脏上的，而你的身体却长在胆囊里，少见，实在少见！"但贝尔并没有因此而气馁，他经过 3 年多艰苦卓绝的努力，终于使神话中的"顺风耳"首次变成了现实。

当我们经过实验证明自己的发现、研究成果是正确的时候，我们要勇于做一个"掌握真理的少数人"。当我们置讥讽、挖苦、嘲笑于不顾，始终进行不屈不挠的努力，坚持做那少数中的一员时，我们才会点燃创新的火炬！

第 2 节 权威定式
——被专家的理论迷惑

有群体就会有权威，权威对社会的正常运转起着重要的作用。但权威不一定完全正确，专家说的也会错。所以我们要敢于跳出权威定式，不要总被权威牵着鼻子走。当我们拥有了挑战权威的勇气，敢于质疑权威，我们的创新力才能被充分释放出来。

专家说的也会错

无论人类还是动物，只要有群体，就会有权威。权威是任何时代、任何社会都实际存在的现象，权威人士的渊博学识和不容置疑的地位对维持人类社会的正常运转具有重要意义。

在某些专业领域，专家的建议一般有很强的指导意义，所以形成了一种专家权威。对专家的意见，人们总是点头称是，坚决遵循。比如："菠菜的含铁量最高，经常食用能防治贫血"、"恐龙灭绝的原因是一颗小行星撞上了地球"，如此等等。

在多数情况下，人们按照专家的意见办事，能够取得预想中的成功；如果不慎违反了专家的意见，还有可能招致或大或小的失败。如此久而久之，人们便习惯了以专家的是非为是非，总是想当然地认为"专家不可能出错"。于是，在大家的思维模式当中，专家就形成了权威，头脑中也形成了一种权威定式。

然而，专家说的就一定对吗？

公元前 2 世纪罗马时代伟大的医学家盖伦，一生写了 256 本书。在长达 1000 多年的时间里，西方医学家、生物学家们都一直把他的书及他本人视为至高无上的权威。

盖伦说人的大腿骨是弯的，大家也就一直相信人的大腿骨是弯的。后来有人通过实际解剖，发现人的大腿骨不是弯的，而是直的。按理说，这时就该纠正盖伦所说的错误，还事物的本来面目。可是因为人们太崇拜盖伦了，所以仍然深信他说的不会有错，但又明明与事实不符，这该如何解释呢？最后，大家终于找到了一种说法：这是因为在盖伦那个时代，人们都穿长袍，不穿裤子，人的弯曲的大腿骨得不到矫正，所以就都是弯的。后来人们开始穿裤子，不再穿长袍，这样长期穿裤子才逐渐把人的大腿骨弄直了。

显而易见，由于专业狭隘性等众多原因，很多专家不可避免地也会犯错误。但人们对专家权威的盲目崇拜竟可以达到为他们的错误找借口的程度，即便这个借口是那么的荒唐可笑。

联通在 21 世纪初委托一家著名的专业咨询策划公司为联通 CDMA 手机做策划方案。

这家公司成立于 20 世纪 20 年代，在全世界拥有 70 多家分支机构，被美国《财富》杂志誉为"世界上最著名、最严守秘密、最有声望、最富有成效、最值得信赖和最令人仰慕的企业咨询公司"。这家专业权威公司的策划方案让联通人笃信不疑，大家相信方案的实施会很快取得成效。

但是，2002 年秋季，在中国移动的强力阻击下，中国联通 CDMA 的销售在全国范围内陷入了历史性低谷。尤其是福州的市场，从 5 月份到 11 月份，福州 CDMA 销量才 2 万多用户，其中数千部还是靠员工担保送给亲朋好友的。与国内其他城市相比，这个成绩实在是惨不忍睹。

当时杨少锋所在的广告公司正在为福州联通做策划方案。当杨少锋看过那家全球著名策划公司的方案后，得出了 4 个字——"不切实际"。

年仅 24 岁、大学刚毕业两年的杨少锋，竟然斗胆否定了这家权威公司的方案！因为他自己已经有了一套完整周密的营销计划。中国联通福建省公司的领导经再三权衡后还是接受了他的计划。

杨少锋首先通过福州媒体对 CDMA 进行包装，做足广告，提高了 CDMA 在当地的认知度；其次向全国首次公开提出"手机不要钱"的概念，吊足了媒体和群众的胃口，通过赠机方案打开了一片市场；然后迅速整合条件资源，通过银行、证券公司组成 CDMA 战略联盟体，完善足额话费送手机方案。

这一系列的计划制订和方案实施，彻底扭转了福建通信市场的格局，联通荣登宝座。

权威的企业咨询公司以其专业性、正确性和影响力被大众所推崇和信任，但一些事例也证明：再权威的专家也会犯错。如果一味盲从专家，不及时去发现、不迅速去纠正错误，那么后果是不堪设想的。所以，我们要做的是像案例中的杨少锋一样，敢于否定专家错误的结论，这样才能为自己的发展打开另一片天地。

不要总被权威牵着鼻子走

每一种事物都有两面性，同样，权威有益处也有害处。权威能为我们节省很多时间和精力，我们不必再从头研究几何学，只需学一学阿基米德的理论就行了；我们不必等几百年后看资本主义是怎样灭亡的，只需读一读马克思的著作就行了；我们不必亲自去"看云识天气"，只需听一听中央气象台的天气预报就行了……所有这些都是简便而有效的方法。

因此，在现实社会中必须有权威存在。但权威说的话也并非句句都是真理，权威也会说错话、做错事。世上没有永远的权威，再大的权威的学说也会陈旧，它的力量也会消逝，我们不能对权威产生迷信，被权威牵着鼻子走，否则人类社会将不会向前迈进。

有人牵了一匹马到集市上去卖。过了好几个早晨，连一个问价的都没有。

有一天，伯乐来到集市朝这匹马看了几眼，在马颈上拍了两下，赞叹道："好马，好马！"

于是，人们纷纷抢购，马的价格一下抬高了10多倍。

人们盲目迷信权威，连好马孬马都没区分，就被权威牵着鼻子走了。

当我们面对新事物、新问题需要开拓创新时，权威定式就会变成"思维枷锁"，阻碍新观念、新理论的产生，甚至将人引入歧途。我们总是有意无意地沿着权威的思路走，被权威牵着鼻子走。

一群猴子抬着一大筐西瓜来孝敬美猴王。美猴王从未吃过西瓜，不知该如何下口。

忽然，他灵机一动，说道："小的们，我来考考你们，这西瓜该吃瓤，还是吃皮？答对的有赏。"

一只小猴子抢着说道："吃西瓜得吃西瓜瓤，西瓜皮不好吃。"

话音未落，一只德高望重的老猴子说道："不对，吃西瓜当然得吃西瓜皮，哪有吃西瓜瓤的？"

众猴子一齐点头称是。

美猴王拍了拍老猴子的肩膀，笑道："姜还是老的辣！"

于是，那只小猴子受"罚"吃西瓜瓤，西瓜皮则被美猴王等"分享"了！

在猴子们的眼里，老猴子无疑是德高望重、不可超越的权威。于是猴子们就形成了以老猴子的是非为标准来处理问题的习惯，而失去了独立思考能力，甚至连练就了一双"火眼金睛"的美猴王都不能幸免。权威定式的危害性可见一斑。

当然，这只是一个故事。可在现实生活，人们的思维往往难以摆脱权威定式的束缚，有意无意地被权威牵着鼻子走，于是引发了一个又一个"美猴王吃西瓜皮"的故事。

有所不同的是，猴子们不突破思维定式，只是享受不到西瓜的美味；而人类迷信权威，头脑为权威定式所束缚，则会造成极大的危害，甚至产生难以想象的恶果。比如，布鲁诺因为坚持"地球绕着太阳转"这一与权威"地心说"相违背的新学说而被烧死在罗马鲜花广场上；挪威数学家阿贝尔写的关于高等函数的论文由于遭到了数学权威们的否定而被打入冷宫，在他死后 10 多年才重见天日，并被公认为 19 世纪最出色的论文之一……

在权威的鼻息下生活惯了的人们，习惯于听从权威而失去了独立思考的能力。一旦失去了权威，他们常常会感到手足无措。在近代西方，当《圣经》和教会的权威衰落以后，很多人感到惶惶不安——"失去了上帝的引领，人类将走向哪里？"只有经过较长的一段时间，等到自我思维的能力完全恢复之后，那种"没妈的孩子像棵草"的焦虑状态才能完全消失。

所幸的是，古今中外有不少人能够意识到权威定式的危害。他们敢于挣脱权威的牵绊，充分发挥自己的创造性，为自己的创新之旅做好铺垫。

敢于推翻权威，这本身就是一种创新行为。因而，我们必须时常提醒自己：不要被权威牵着鼻子走。只有做到这点，我们才能在创新的道路上快步前进。

敢于质疑权威

日本的小泽征尔是世界著名的音乐指挥家。在他成名前，有一次去欧洲参加音乐指挥家大赛。决赛时，他被安排在最后一位。小泽征尔拿到评委交给的乐谱后，稍做准备，便开始全神贯注地指挥起来。

忽然，他发现乐曲中有一点不和谐。开始他以为是演奏错了，就让乐队停下来重新演奏，但仍觉得不和谐。

于是，小泽征尔认为乐谱有问题。可是在场的作曲家和评委会的权威们却郑重声明，乐谱不会有问题，是他的错觉。

面对几百名国际音乐界的权威人士，小泽征尔也对自己的判断产生了犹豫，但他考虑再三，坚信自己的判断是正确的。于是，他斩钉截铁地说："乐谱肯定错了。"他的声音刚落，评委席上的评委们立即站起来，向他报以热烈的掌声，祝贺他大赛夺魁。

原来这是评委们精心设计的一个圈套，以试探指挥家们在发现错误而权威人士又不承认的情况下，是否能坚持自己的正确判断。因为只有具备这种素质的人，才真正称得上是世界一流的音乐指挥家。而小泽征尔正是凭着自己对音乐造诣的信心和敢于质疑权威的胆识，获得了这次世界音乐指挥家大赛的桂冠。

中国古语云："学贵有疑，小疑则小进，大疑则大进。"杰出的地质学家李四光也有句名言："不怀疑不能见真理。"打开科学史册，凡是有所作为的科学家无一不具有敢于质疑权威的精神。一部人类新历史的诞生、成长以及发展，实际上就是一个不断质疑、推翻、否定权威的过程。

现实生活中，很多人笃信权威，没有自己的个性和见解，没有自己的独立思维，专家说什么就是什么，专家说什么就信什么，认为专家说的话、做的事永远是对的。但是，世界上最伟大的定理都有可能被推翻，就连牛顿、达尔文等科学家也有犯错误的时候。因此，权威的结论有可能对，也有可能错。我们要敢于质疑权威，以严谨求真的态度对待身边的一切问题。

上小学时，伽利略是班上最聪明的学生，老师对他很满意。他的心中充满了各种各样的疑问，他总是问父亲：为什么烟雾会上升？为什么水面会起波浪？为什么教堂要造得顶上尖、底层大？晚上，他经常坐在室外观看星星，心里充满了各种奇妙的想法，有的问题连他的老师都回答不了。

随着年龄的增长，他的疑问更多了。

他 17 岁的时候，以优异的成绩考上了比萨大学医科专业。有一次上医学课，讲胚胎学的比罗教授照本宣科地说："母亲生男孩还是女孩，是由父亲身体的强弱决定的。父亲身体强壮，母亲生男孩，反之便生女孩。"

"老师，你讲得不对，我有疑问！"多疑好问的伽利略又举手发言了。

比罗教授自觉有失尊严，便神色不悦地说："你提的问题太多了！你是个学生，应该听老师讲，不要胡思乱想。"

"这不是胡思乱想。我的邻居，男的身体非常强壮，从没见他生过什么病，可他老婆一连生了 5 个女儿，这该怎么解释？"伽利略反问道。

"我是根据古希腊著名学者亚里士多德的观点讲的，不会错！"比罗教授搬出了理论根据。

"难道亚里士多德讲的不符合事实，也要硬说他是对的吗？"伽利略继续反驳。

比罗教授无以对答，只好怒气冲冲地威胁说："上课只能听老师讲！你再胡闹下去，我们就要处罚你！"

事后，伽利略果然受到了学校的训斥。但他勇于坚持真理，丝毫没有屈服，并从这时起，开始了对亚里士多德学说的质疑与探讨。

他深入钻研亚里士多德的著作，常常陷入沉思中。他想，亚里士多德的许多理论并没有经过证明，为什么要把它们看作是绝对真理呢？

抱着这样的疑问态度，伽利略开始了自己的探索之路。少年时代提出的种种疑问，后来都由他自己找到了答案。

检验真理的唯一标准是实践，而不是权威。任何以权威自居的人都旨在凭着自己的地位去压制反对意见，所以，权威不一定就是对的，反对意见也不一定就是错的。认识到这些，我们就要敢于以自己不同的意见去质疑权威，这样才有可能跳出权威定式，获取更大的进步。

不轻信权威，敢于质疑权威，这是众多科学家取得成功的原因。正如韩愈告诫过我们的："业精于勤而荒于嬉，行成于思而毁于随。"我们在学习过程中一定要积极思考，有疑而问。一味地跟从于他人，就永远走不出自己的路。

你需要挑战权威的勇气

挑战权威不是说出来的，而是做出来的。挑战权威的人可能会遭到权威的打压和权威拥护者的反对，因而，挑战权威需要勇气。

16世纪的欧洲，研究科学的人都信奉亚里士多德，把这位2000年前的希腊哲学家的话当作不容更改的真理。谁要是怀疑亚里士多德，人们就会责备他："你是什么意思？难道要违背人类的真理吗？"

可是，伽利略却敢于"冒天下之大不韪"，大胆质疑亚里士多德的"物体下落的速度和重量成正比"的论断。1590年，年轻的伽利略登上比萨斜塔的最高层，面对塔下人群热切的目光，自信地松开托球的双手，两只重量不同的铁球以相同的速度迅速地向下坠落，同时砸在地面上。伴着铁球撞地的响声，一个大胆挑战权威的真理诞生了，塔下响起了如雷鸣般的掌声！

在权威的"丰碑"面前，很多人会不由自主地失去挑战和超越的勇气："那么多权威和专家都没能成功，就凭我，能行吗？"

但一个真正有勇气的人，不会这么想。

微软是计算机软件领域绝对的权威，但让人难以置信的是，微软居然也有自己解决不了的难题：它所开发的Word软件不能处理所有的科技文档。在科学和信息技术高度发达的今天，这可是一个大问题。

微软集中了精兵良将想解决这一难题，但苦攻多年，仍然没有结果。连微软都无法攻克的难题，偏偏就有一个中国人勇敢地发起了挑战，他就是湖北恩施的廖兆存。最终他将这一难题一举攻破，这个被誉为"补天石"的技术填补了软件世界的一个空白。

只要具有挑战权威的勇气，普通人也能取得辉煌的成绩。

2005年风靡中国的《大长今》中的主人公长今就是一个勇于挑战、总是会有超出常规想法的女孩。正因如此，她从一个被放逐的罪人做到皇帝最信任的御医。

《大长今》中有这样一段故事：

百本对人体的药效极好，几乎所有的汤药之中都要加入百本。早在燕山君时代，百本种子就被带回了朝鲜，其后足足耗费了20年的时间，想尽各种办法栽培，可是每次都化为泡影。

当时在多栽轩有资历的御医告诉长今，朝鲜的土壤不适合种植百本。

但是得知百本的价值以后，长今决定要成功种植百本。

多栽轩的人听后说："百本种植了 20 年都没有成功，你怎么可能种植成功呢？"

长今心中不服气：朝鲜真的不适合种百本吗？他们没有试过怎么知道不可以呢？

她开始了不断地尝试和探索。她不仅一遍遍地用不同方法种植，而且开始翻阅所有关于百本与种植方面的书。

经过不懈努力，长今终于成功地种植出了百本，创造了种植百本的方法，攻破了这个 20 年都没有人攻破的难题。

长今的成功是因为她没有盲目接受颇为资深的御医的思想，没有轻信权威人士的劝告。所有关于百本不适宜种植的惯性思维在她这里停止，并拐了一个 180 度的弯。

无论是"权"还是"威"，都让人既感到压迫又无比威严。在大多数人眼里，权威给出的结论就是盖棺定论。但事实上，权威并不见得就完全正确，也不意味着高不可攀。权威只是说明暂时还没有人走得比他更远。

所以，鼓起你挑战权威的勇气吧，你可能比任何人都走得更远。

第3节 经验定式
——受制于历史的行为

经验是前人给我们留下的宝贵财富，用好经验，我们可以少走弯路，快速达到目的。但鞋子总有磨破的一天，经验也会有"老化"和"过时"的一日。尤其在今天这个信息爆炸、瞬息万变的时代里，一味遵循过去的经验往往就是此刻失败的最大原因。因此，我们不要笃信"经验之谈"，要有"初生牛犊不怕虎"的勇气，敢于跳出经验，独辟蹊径。

经验也会"一叶障目"

哥伦布在横越大西洋的航程中，船上带了很多经验丰富的老水手。一天傍晚，一位老船员看见一群鹦鹉朝东南方向飞去，便高兴地说："我们快要到陆地了！因为鹦鹉要飞到陆地上过夜。"于是，哥伦布指挥船队向鹦鹉的方向追去，很快发现了美洲大陆。

我们生活在一个经验无处不在的世界里。从小到大，我们看到的、听到的、感受到的、亲身经历过的各种各样的大小事件和现象，都成了我们人生的智慧和资本。常听人说："我吃的盐比你吃的米都多，我过的桥比你走的路都长"。于是，人们常以自身经验多而自豪。

一般情况下，经验是我们处理日常问题的好帮手。只要具有某一方面的经验，那么在应付这一方面的问题时就能得心应手。特别是一些技术和管理方面的工作，丰富的经验显得更加重要。老司机比新司机能更好地应付各种路况，老会计比新会计能更熟练地处理复杂的账目。所以，很多时候，经验成了我们行动所依靠的拐杖。但经验不是放之四海而皆准的真理，经验也给我们带来不少沉痛的教训。因为经验是相对稳定的东西，是属于过去式的"历史",而现实又是一直在不断变化发展的。所以,只凭借经验并不一定能解决所有的问题。

例如下面这个故事:

在酒吧间,甲、乙两人站在柜台前打赌,甲对乙说:"我和你赌 100 元钱,我能够咬我自己左边的眼睛。"乙伸出手来,同意跟他打赌。于是,甲就把左眼中的玻璃眼珠拿了出来,放到嘴里咬给乙看,乙只得认输。

"别泄气,"提出打赌的甲说,"我给你个机会,我们再赌 100 元钱,我还能用我的牙齿咬我的右眼。"

"他的右眼肯定是真的。"乙在仔细观察了甲的右眼后,又将钱放到了柜台上。可结果乙又输了。原来甲从嘴里将假牙拿了出来,咬到了自己的右眼!

乙连输两次的原因就在于他陷入了由经验造成的思维定式中。所以,经验也会"一叶障目"。

还有一个关于小虎鲨的故事,它告诉我们:有时我们会被经验所缚。

小虎鲨长在大海里,当然很习惯大海中的生存之道。肚子饿了,小虎鲨就努力找大海中的其他鱼类吃。虽然有时候要费些力气,却也不觉得困难。有时候,小虎鲨必须追逐很久才能猎到食物。然而这种难度随着小虎鲨经验的增加越来越不是问题,因此并不对小虎鲨的生存造成影响。

很不幸,小虎鲨在一次追逐猎物时被人类捕捉到。离开大海的小虎鲨还算幸运,一个研究机构把它买了去。关在人工鱼池中的小虎鲨虽然不自由,却不愁猎食,研究人员会定时把食物送到池中。

有一天,研究人员将一片又大又厚的玻璃放入池中,把水池分隔成两半,小虎鲨看不出来。研究人员把活鱼放到玻璃的另一边,小虎鲨等研究人员放下鱼之后,就冲了过去,结果撞到玻璃,疼得眼冒金花,什么也没吃到。小虎鲨不信邪,过了一会儿,看准了一条鱼,"咻"地又冲过去,撞得更痛,差点没昏倒,当然这次也没吃到鱼。休息 10 分钟之后,小虎鲨饿坏了。这次看得更准,盯住一条更大的鱼,"咻"地又冲过去。情况没改变,小虎鲨撞得嘴角流血。它想,这到底是怎么回事?小虎鲨趴在池底思索着。

最后,小虎鲨拼着最后一口气,再冲!但是它仍然被玻璃挡住,这回撞了个全身翻转,鱼还是吃不到。小虎鲨终于放弃了。

不久,研究人员来了,把玻璃拿走,又放进小鱼。小虎鲨看着到口的鱼食，却再也不敢去吃了。

人类也很容易像小虎鲨一样被过去的经验所限制。如果你不想没有食物吃，那就勇敢地跨过经验这道门槛。

经验告诉我们的只是过去成功或失败的过程，而不是未来如何成功的方法。你千万不要以为在人生这个广袤的大海里，只能抱着那些曾经的经验在祖辈开辟的领海中游弋。其实只要转一个方向，说不定就会发现另一片更加适宜的水域。

经验有时候会变成桎梏

相信很多人都听过跳蚤的故事，以跳得高著称的跳蚤被装在盖了玻璃的器皿一段时间后，竟然只跳到低于器皿的高度。因为屡次的碰撞让它们形成了这样的经验定式：我的头顶有障碍物，我是跳不出去的。

由此可见，经验定式是多么可怕，它可能会把你本来可以发挥的潜能磨掉甚至扼杀。

一块玻璃就把跳蚤给框住了，很多人以为这只是动物试验，我们人类并没有什么框框，也不会受什么束缚，可以海阔天空地思考、无拘无束地做事情。然而实际情况并非如此。下面这个故事就证明了这一点。

一代魔术大师胡汀尼有一手开锁的绝活，他曾为自己定下一个富有挑战性的目标：无论多么复杂的锁，都要在60分钟之内打开。

有一个英国小镇的居民决定向胡汀尼挑战。他们特意打制了一间坚固的铁牢，配上了一把非常复杂的锁，向胡汀尼挑战。

胡汀尼接受了挑战，他走进铁牢，牢门关了起来。胡汀尼用耳朵紧贴着锁，专注地工作着。

30分钟过去了，45分钟过去了，1个小时过去了，锁还未打开，胡汀尼头上开始冒汗了。

2个小时过去了，胡汀尼还未听到锁簧弹开的声音。他筋疲力尽地将身体靠在门上坐了下来，结果牢门却开了！

原来牢门根本没上锁，是胡汀尼心中的门上了锁！

经验让开锁大师形成了这样的思维定式：按着步骤来，只要听到锁簧弹开的声音便大功告成。这种固定的思维模式在以往或许十分管用，但在情况发生变化时它就像一把枷锁，牢牢地把大师的思维给套住了。

只要大师抛下以往的经验定式，没有上锁的牢门用力一推，便会打开。

一个小孩在看完马戏团精彩的表演后，随着父亲到帐篷外拿干草喂表演完的动物。

小孩注意到一旁的大象群，问父亲："爸，大象那么有力气，为什么它们的脚上只系着一条小小的铁链？难道它无法挣开那条铁链逃脱吗？"

父亲笑了笑，耐心为孩子解释："没错，大象挣不开那条细细的铁链。在大象还小的时候，驯兽师就是用同样的铁链来系住小象。那时候的小象，力气还不够大。小象起初也想挣开铁链的束缚，可是试过几次之后，知道自己的力气不足以挣开铁链，也就放弃了挣脱的念头。等小象长成大象后，它就甘心受那条铁链的限制，不再想逃脱了。"

正当父亲解说之际，马戏团里失火了。大火随着草料、帐篷等物燃烧得十分迅速，蔓延到了动物的休息区。

动物们受火势所逼十分焦躁不安，大象更是频频跺脚，却仍不试着挣开脚上的铁链。

炙热的火势终于逼近大象，只见一只大象将被火烧着，它灼痛之余，猛然一抬脚，竟轻易将脚上铁链挣断，迅速奔逃至安全的地带。

有一两只大象见同伴挣断铁链逃脱，立刻模仿它的动作，用力挣断铁链。其他的大象则不肯去尝试，只顾不断地焦急转圈跺脚，最后遭大火席卷，无一幸存。

在大象成长的过程中，人类聪明地利用一条铁链就限制了它，虽然那样的铁链根本系不住有力的大象。

在我们的成长过程中，也有许多肉眼看不见的链条在系着我们，这些无形的链条就是经验、教诲、教训与世俗。它们编成一张大网，牢牢地把我们禁锢在里面。于是，我们像大象一样很自然地将这些链条当成习惯，没有试过也没想过要去挣脱它。这种经验定式的限制使我们失去了很多创新的机会，抹杀了很多丰富的创意，使我们没有突破性进展，最终无法成为一个开拓进取的人……

难道我们只有等候生命中的那场大火逼得我们走投无路然后死里逃生时才选择挣断那些链条吗？如果那场大火燃不起来，我们是否也将被这些无形的链条束缚终生？

现在，尝试用力地抬一下脚，说不定你马上可以挣脱经验"链条"的羁绊。

不要笃信"经验之谈"

我们先来看下面一个小故事：

艾伯特·卡米洛是一个著名的心算家，他的心算既神速又准确。多年以来，他从来没被难倒过。在一次心算擂台挑战会上，一位先生上台出题，想要挑战这位心算家。他的题目是这样的：

"一列火车，载有823位旅客进站，下去50人，上来72人。"

心算家心想：这也算挑战的题目？他轻蔑一笑，正欲说出答案，却被挑战者的补充内容打断了。

"在下一站，上来51人，下去85人。"挑战者像是故意搅浑水，想打断心算家的思路，他一口气连续报题：

"下一站下去34人，上来32人；再下一站上来97人，下去45人；再下一站上来19人，下去2人；再下一站上来123人，下去75人。"

"完了吗？"心算家心想：你累不累呀，这种小儿科的题目也拿来出丑？

"没说完。"挑战者认真地说了一通："火车继续开，下一站上来42人，下去78人；再下一站下去87人，上来55人……"

台下的观众也开始觉得烦了。

"好了，我的题目说完了。"挑战者说道。

心算家闭上眼睛，洋洋得意地说："那好，你是不是马上就想知道结果？"

"是的，不过我对车上还有多少人没兴趣，我只想知道这列火车一路上到底停靠了几个站？"

"啊？！"心算家愣住了，他的脑袋一片空白。

读完这个故事，你有什么感悟？在故事刚开始，你认为这位挑战者的问题是什么？你是否像那位心算家一样，以为是问列车上还有多少人？

其实这并不奇怪，绝大多数人都会这么想，因为过去的经验告诉人们，在那样的情境之下问题应该是那样。但事实是，恰恰是过去的经验让心算家输掉了这轮比赛。所以，与其说他是输在挑战者手里，不如说是输在自己以往的经验中。

不可否认，经验有时真是个好帮手，它帮我们迅速绕过潜在的困难，快捷地达到目标。俗话说："不听老人言，吃亏在眼前。"因而，人们往往相信经验。

我们可以借鉴经验，但不要"笃信"经验。因为经验具有时间、空间和主体的狭隘性，还有很多不确定因素。这要求我们在参考前人的经验时，最好也加上自己的求实精神。

从前，有一个卖草帽的人，每天他都很努力地卖着帽子。有一天，他叫卖得十分疲累，刚好路边有一棵大树，他就把帽子放下，坐在树下打起盹儿来。等他醒来的时候，发现身旁的帽子都不见了，抬头一看，树上有很多猴子，每只猴子的头上有一顶草帽。他十分惊慌，因为如果帽子不见了，他将无法养家糊口。突然，他想到，猴子喜欢模仿人的动作，于是他就试着举起左手，果然猴子也跟着他举手；他拍拍手，猴子也跟着拍手。他想，机会来了，于是赶紧把头上的帽子拿下来，丢在地上。猴子也学着他，将帽子纷纷扔在地上。卖帽子的人高高兴兴地捡起帽子，回家去了。回家之后，他将这件奇特的事情告诉了他的儿子和孙子。

多年后，他的孙子继承了家业。有一天，在卖草帽的途中，他也跟爷爷一样，在大树下睡着了，而帽子也同样被猴子拿走了。孙子想到爷爷曾经告诉他的方法，于是，他举起左手，猴子也跟着举左手；他拍拍手，猴子也跟着拍拍手。他想，爷爷所说的话果然很管用。最后，他脱下帽子，丢在地上。可是，奇怪了，猴子竟然没有跟着他做，还直瞪着他，看个不停。不久之后，猴王出现了，把孙子丢在地上的帽子捡了起来，还很用力地朝着孙子的后脑勺打了一巴掌，说："开什么玩笑！你以为只有你有爷爷吗？"

这个故事告诉我们，再好的经验也会成为过去。今天十分时尚、潮流的东西，明天就可能成为博物馆里的陈列品。

现在我们要做的是在听取经验之谈后，先用发展的眼光去验证和判断，然后再去运用，这样才能避免不必要的损失发生。

初生牛犊不怕虎

人们说某个年轻人初生牛犊不怕虎，可能有两种意思：一种意思是指这个年轻人有胆识、有勇气，另一种意思可能指这个人冒失，不知天高地厚。无论褒义还是贬义，我们总能听出这种声音：胆大，有冲劲。

刚出生的牛犊没有见过老虎，当然不知道老虎的凶残。就是说，它对老虎没有任何概念。当牛犊看到老虎的时候，可能会把老虎看作一个普通的"侵略者"，本能地弓腰低头用角去撞，也可能把老虎当作是来访的"朋友"，友善地向老虎走去。而见多识广、经验老到的老虎没见过那么勇猛的小牛，也没见过那么温驯的小牛，可能会被这种意想不到的情况弄得不知所措，落荒而逃。

如果是老牛，情况可能会完全不一样。老牛根据自己的"经验"和"见识"，知道老虎是多么恐怖的敌人，自己是斗不过老虎的。于是在碰见老虎后，或者四散逃跑，或者吓得骨酥腿软，无论哪一种情况，最后都可能落入老虎的腹中。

有这样一道益智题：

一个公安局长在茶馆里与一位老头下棋。正下到难分难解之时，跑来一个小孩，小孩着急地对公安局长说：

"你爸爸和我爸爸吵起来了。"

"这孩子是你的什么人？"老头问。

公安局长答道："是我的儿子。"

请问：两个吵架的人与这位公安局长是什么关系？

有人曾用这道题对100个人进行了测验，结果只有2个人答对。后来又有人将这道题对一个三口之家进行了测验，结果父母猜了半天没答对，倒是他们在读小学的儿子答对了。

这个问题的答案是：这个公安局长是女的，两个吵架的人一个是她丈夫，另一个是她父亲。

没有猜出答案的人听了答案后肯定会恍然大悟，然后说，对啊！怎么那么简单的关系我没想到呢？为什么能答出来的人那么少呢？原来是经验定式在作怪。根据经验，人们总是把"公安局长"与"男性"联系在一起，更何况还有与"男性"有联系的"茶馆"、"老头"等来强化这种经验定式。所以如果从经验出发来回答这道题，就很难找到答案。那位小学生因为经验少，容易跳出经验定式，因此轻而易举地找到了答案。

不受经验所拘束能够成为我们的一种优势，可以让我们更具有创造性地解决问题。下面的故事可以给我们这样的启示。

埃及总督穆罕默德·阿里奉命讨伐韦哈比人，虽然打了一些胜仗，但难以攻破韦哈比政权的中心地带内志，因为那里的军队十分强悍。

一天，穆罕默德·阿里和他的将领们在讨论军队司令人选时，有几个将领争论了起来，他们都认为如果自己得到指挥权就能征服内志。

穆罕默德·阿里示意他们停止争论，他拿出一只红苹果，放在大地毯的中央，对将领们说：“征服内志的任务十分艰巨，就像我们不能踏上这块地毯而要抓到这只苹果一样。谁能这样抓到苹果，谁才能征服内志。”

将领们一筹莫展，束手无策，只有穆罕默德·阿里的儿子易卜拉欣要求试一试。得到同意后，这位 27 岁的年轻军官走到地毯边，将它慢慢卷拢，卷到地毯中心时，他轻而易举地拿到了苹果。于是，父亲便任命他为司令。

经过 2 年奋战，易卜拉欣终于取得了成功。

若论带兵打仗、浴血战场的经验，总督的儿子肯定比不上老将领，但正是由于以往的经验禁锢了老将领们的头脑。他们的思维活动顺着惯常的轨道进行，自然而然地把“卷地毯”这一脱离常规的做法排除在外，当然就难以找到答案了。可见，初生牛犊也有老牛们比不上的地方。

摆脱经验定式要求我们必须拓展思路，不被经验所缚。从某种意义上来看，经验是一种指导我们“只能怎样怎样”、“绝不应怎样怎样”的行动准则，对很多人来说，经验成了无法跳出的框框，束缚着他们的思维。正因如此，青年人的经验少并不是一种缺点，而是一种优势，是“敢闯敢干”的代名词。所以，作为青年人，我们要有初生牛犊不怕虎的勇气和精神，发扬“敢闯敢干”这种精神，这样才能闯出一片新天地。

跳出经验，独辟蹊径

古希腊有一个“戈迪阿斯之结”的故事。

凡是来到弗里吉亚城朱庇特神庙参观的人，都会被引导去看戈迪阿斯王的牛车。人们都交口称赞戈迪阿斯王把牛轭系在车辕上的技巧。

“只有很了不起的人才能打出这样的结。”有人这样说。

"你说得很对，但是能解开这结的人更加了不起。"庙里的神使说。

"为什么呢？"

"因为戈迪阿斯不过是弗里吉亚这样一个小国的国王，但是能解开这个结的人，将成为亚细亚之王。"神使回答。

此后，每年都有很多人来看戈迪阿斯打的结。各个国家的王子和政客都想打开这个结，可总是连绳头都找不到，他们根本就不知从何处着手。戈迪阿斯王死了几百年之后，人们只记得他是打那个奇妙结子的人，只记得他的车还停在朱庇特神庙里，牛轭还是系在车辕的一头。

有一位年轻国王亚历山大，从隔海遥远的马其顿来到弗里吉亚。他曾征服了整个希腊，他曾率领不多的精兵渡海到达亚洲，并且打败了波斯国王。

"那个奇妙的戈迪阿斯结在什么地方？"他问。

于是他们领他到朱庇特神庙，那牛车、牛轭和车辕都还原封不动地保留着原样。

亚历山大仔细察看这个结。他对身边的人说："过去许多人打不开这个结，都是陷入了一个窠臼，都认为只有找到绳头才能将结打开。我不相信，我不能打开这个结。我也找不到绳头，可是那有什么关系？"说着，他举起剑来一砍，把绳子砍成了许多节，牛轭就落到地上了。

亚历山大说："这样砍断戈迪阿斯打的所有结子，有什么不对？"

接着，他率领军队征服亚洲，缔造了一个从希腊到印度的空前庞大的帝国。

为什么"戈迪阿斯之结"成了无人能解的结？因为经验告诉企图尝试的人们，解结的方式就是要在不把绳子弄坏弄断的情况下将绳头找到，才能打开死结，但亚历山大却大胆跳出这种传统的经验，采取了违反常规的做法。新的想法、新的创造，成就了一个亚细亚之王。

因此，做事情的时候，我们也可以这样问自己："这样做有什么不对呢？"

很多人都听过诸葛亮出师的故事。

诸葛亮少年时，曾和徐庶、庞统等人同拜水镜先生为师。3年拜师期满，这天早上，先生把大家召集起来说："从现在起到午时三刻，谁能想出好主意，得到我的许可，走出水镜庄，谁就算学成出师了。"

弟子们陷入了深深的思索之中。

有的弟子说："庄外失火了！我得出去救火。"先生微笑着摇摇头。

有的弟子谎称："家有急事，要速归。"先生毫不理睬。

庞统说："先生，如果你能让我出去，我一定能想出办法。请先生允许我到庄外走走。"先生不为之所动。

眼看午时三刻就要到了。诸葛亮脑子一转，计上心来。只见他怒气冲冲地奔到堂前，指着先生的鼻子破口大骂："你这先生太刁钻，尽出歪题害我们，我不当你的弟子了！还我 3 年的学费！快还我 3 年的学费！"

这几句话把先生气得脸色发青，浑身颤抖，厉声喝道："快把这个小畜生给我赶出去！"

诸葛亮却执意不走，徐庶、庞统好说歹说把他拉了出去。

但是一出水镜庄，诸葛亮哈哈大笑。他捡起一根柴棒，跑回庄内，跪在水镜先生面前说："刚才为了考试，不得已冒犯恩师，弟子甘愿受罚！"说着，送上柴棒请罪。

先生这才恍然大悟，立即转怒为喜，拉起诸葛亮高兴地说："为师教了这么多徒弟，只有你真正出师了。"

在上面的例子中，我们不难看出诸葛亮的智慧。"一日为师，终身为父"，尊重恩师是千百年来前人留给后人的经验、教诲，违背的人就是大逆不道，甚至被世人所唾弃。但在解决问题的时候，为什么不对这种经验定式善加利用呢？水镜先生也深受这种经验的束缚，面对学生的不敬自然是怒火冲天，岂知中了诸葛亮的"圈套"。诸葛亮善用经验，跳出经验，为自己的出师开辟了一条新路。

经验本身没有错，它是前人留下的宝贵财富，对我们来说有很大的指导意义。但我们要在合适的时机用好经验，因为经验会让我们形成一种思维定式。有时候这种思维定式会变成一种枷锁，妨碍我们打开新思路，寻找新方法，时间长了还会削弱我们的创新力。

勇敢跳出经验定式吧，为自己的创新开辟新路。

第4节 书本定式
——只会读书的穷秀才

好的著作是人类智慧的结晶，但陆游所说"纸上得来终觉浅，绝知此事要躬行"以及孟子给我们的教诲"尽信书不如无书"告诉我们，不要读死书，也不要被专业知识所局限。敢于跳出书本，边读边思，边学边用，这才是用书本知识提升创新力的良方。

纸上得来终觉浅

书本知识对人类所起的积极作用是巨大的。书本知识是一种系统化、理论化的知识，是千百年来人类经验和体悟的智慧结晶，是人类有史以来共同创造的财富。因为有了书本，前一代人可以很方便地把自己的观念、知识和价值体系传递给下一代人，使后人能够站在前人的肩膀上再提高，而不必事事从零开始。因为有了书本，我们可以在片页之间向全世界古往今来的伟人和智者求教和展开思想交流，学习他们的智慧，丰富自己的学识，帮助我们更好地面对人生。

所以，通常情况下，只要我们做到"读书破万卷"，就能"做事如有神"。

1791年深秋，拿破仑进军荷兰。荷兰军队打开运河，法军统帅皮舍格柳率领的大军被洪水阻拦，无法前进。就在皮舍格柳无奈之下准备撤军时，他看到树上蜘蛛正在大量吐丝结网，于是马上下令停止撤退，准备进攻。不久，寒潮即到，一夜之间江水冰封。法军冲过瓦尔河，一举占领了要塞乌得勒支城。

假如皮舍格柳没有从书中学到丰富的气象知识，他可以根据蜘蛛吐丝结网做出气候将变冷、江河将冰封的判断吗？显然是不可能的，可见书本知识给人类带来了无穷的智慧。

但是，书本知识也存在弱点，会有滞后性，即知识也会过时。书本所反映的是过去的理想化的状态，与客观现实之间往往存在一段差距。所以，光靠课本获取知识而没有进行实践，那么获得的东西将会是很肤浅的。

赤道地区，一位小学老师努力地给他的学生说明"雪"的形态，但不管他怎么说，学生也不能明白。

老师说："雪是纯白的东西。"

学生以为："雪像盐一样。"

老师说："雪是冷的东西。"

学生猜测："雪像冰激凌一样。"

老师说："雪是粗粗的东西。"

学生就描述说："雪像沙子一样。"

老师始终不能告诉学生雪是什么。

最后，他考试的时候，出了"雪"的题目，结果有几个学生回答："雪是淡色的、味道又冷又咸的沙。"

我们学到的知识都是别人刻写在书上的，但是如果我们没有见过，没有亲身经历过，则很难深刻理解和体会所学东西的真正含义。

因此，书读得多并不能证明我们就学到了本领、掌握了知识，就像赤道上的孩子如果没见到雪，仅凭书本上的描述也永远无法想象出雪的样子来。

南宋著名诗人陆游曾在《冬夜读书示子》中对他的儿子进行劝勉：

古人学问无遗力，少壮功夫老始成。

纸上得来终觉浅，绝知此事要躬行。

我们要不以得来纸上的东西为满足，应把书上的知识运用到实际中去，这样不但可免于浮躁，还可在实践中获得更多更丰富的知识。

很久以前，有一位学子不远千里四处访师求学，为的是学到真才实学。可让他感到苦恼的是，他学到的知识越多，越觉得自己无知和浅薄。

一次，学子遇见一高僧，便向他求教。高僧听了学子的诉说后，静静地想了一下，然后慢慢地问道："你求学的目的是为了求知识还是得智慧？"

学子大悟。

"纸上得来终觉浅"，我们只有真正把知识用在现实生活中，才能把"求知识"变为"得智慧"。

不要读死书

有些人以为自己读的书很多，掌握的知识很多，就自以为天下无难事。事实上，这种人属于学而不思的书呆子，遇到问题经常死搬教条。所以，这种人读书是只能走进去，不能走出来。这种读死书的人很难有所成就。

"读死书，死读书"是一种很失败的学习方法，这种人只顾埋头读书，不善思考，只是拼命往脑袋里塞东西，却不会用大脑去消化和吸收。

读书要注重边读边思考，要注重理解和感悟，不要死背教条，与思想脱离。顾炎武用"行万里路，读万卷书"来表达自己的主张；朱熹也曾提出"先须熟读，使其言皆若出于吾之口；继以精思，使其意若出于吾之心"。

读死书，死读书，学习而不思考，这种人不但为书所累，而且容易成为书的奴隶。

有位年轻人想学禅，找到一位著名的禅师。禅师开导他很长时间，可年轻人还是找不到入门的路径。于是，禅师端起茶壶，朝年轻人面前的碗里倒茶。茶碗已经斟满，禅师还在不住地倒。年轻人终于忍不住，提醒说："师父，别倒了！茶杯已经装不下了。"

禅师这才停住手，慢悠悠地说："是啊，装不下了。你也是这样，要想学到禅的奥妙，就必须把头脑腾出空来，把充塞其中的幻象和杂念清除出去。"

听了此言，年轻人当下大悟。

从读书经历来说，人们大约总要经过几个阶段才能悟出其中的道理。有些人读书时，常常认为书中说的就是真理，对书本敬佩得五体投地，却从来不去思考。书中说的就一定对吗？与现实吻合吗？不去质疑，不去消化，不去应用，脑袋就像填塞书的容器，当然学不到真正的东西。

爱因斯坦提出相对论后，人们对爱因斯坦的智力很感兴趣，有人拿当时十分流行的"科学知识测验"中的一些题目来考他：

"您记得声音的速度是多少吗？"

"您是如何拥有渊博知识的？"

"您是把所有东西都记在笔记本上并且随身携带吗？"

爱因斯坦回答说："我从来不携带笔记本，我常常使自己的头脑轻松，把全部精力集中到我所要研究的问题上。至于你问的声音的速度是多少，我必须查一下资料才能回答，因为我从不记在资料上能查到的东西。我在上学时就对那种要学生死记公式、人名、事件的教育十分不满，其实要想知道这些东西，在书本上很容易就能翻到，根本用不着上什么大学。人们解决问题依靠的是大脑的思维能力和智慧，而不是照搬书本。"

爱因斯坦之所以能提出那么多新理论，这和他的读书方法不无关系：他不读死书，也不浪费时间去死记硬背那些不值得记忆的东西；他善于放弃和清空死知识，使自己头脑始终保持一种轻松良好的状态；他边读书边思考，不受书本定式的束缚。所以，他能够取得他人难以企及的成就。

读死书，盲目地崇拜书中之言，把书上所述奉为教条、视为宗旨，不结合现实进行思考，其结果就是死读书，成为一个地道的书呆子。现实社会不需要这种读书的机器，这种人只能被社会淘汰。我们读书要边读边思，对书分析批判地读，做到取其精华、去其糟粕，这样才能有所进步、有所创新。

尽信书不如无书

中世纪时，《圣经》在西方的地位是至高无上的。

按照《圣经》上的说法，太阳是圣洁无瑕的，绝不会有"黑子"。

有一次，一位教士借助望远镜看到了太阳黑子，这位教士自言自语道："幸亏《圣经》上已有定论，不然的话，我几乎要相信自己的眼睛了！"

过于信奉《圣经》竟导致教士否定了自己的亲眼所见。书本定式会遮住人们的视线，使人们看不清事物的真实面。

读书是获得知识的最佳方法之一，但是我们不应该被书绑住，不能淹没在书本知识的海洋里而浮不上来，否则还不如别读书的好。用孟子的话来说，就是"尽信书不如无书"。

在现实生活中，我们见过不少"饱学之士"，他们天文地理、三教九流无所不知，仿佛是一部活的"百科全书"。但是，他们照本宣科，生搬硬套，"尽信书"，给人们留下了笑柄。

有一个喜欢算命的人，不论做什么事都要翻他那本破旧不堪的《算命测字》来算一算。有一天，他想出门，刚跨出门槛一只脚，突然想起自己出门前还未看书呢，就只好一只脚站在门外，一只脚站在门里，声嘶力竭地喊他的儿子把书给他拿过来。儿子拿过书，他就匆匆忙忙地翻起来。这一翻不要紧，书上明明写着："出门不宜，尽量少动。"他对儿子说："儿啊，今天爹就在这儿站一天吧！你把吃的给爹拿过来，爹不挪步了。"儿子转身去给他拿吃的。这时，房顶突然间塌了下来，一下子把他压在地上。儿子急忙跑过去想把他弄出来，那时他已经被压得脸色发紫，但还是坚持让儿子看看书上怎么写的。儿子看了书告诉他说："书上写着'不宜动土'。"他摇摇头说："唉，好倒霉啊，今天我就在土里活一天吧！你去把碗给我端在鼻子底下，我想喝水、吃饭你就喂我。但千万别动压在我身上的土，我怕动了会对咱家不利。"

看过这个笑话，你也许觉得可笑之极。然而，生活中那些对书本知识生搬硬套、不懂活学活用的人，恰恰无异于笑话里的"书呆子"。

20世纪50年代，美籍华裔生物学家徐道觉的一位助手在配制冲洗培养组织的平衡盐溶液时，不小心错配成了低渗溶液，低渗溶液最容易使细胞胀破。他将低渗溶液倒进胚胎组织，在显微镜下无意中发现，染色体溢出时铺展情况良好，染色体的数目清晰可见。这本来已使徐道觉找到了观察人类染色体数目的正确途径，他已意外地获得了发现人类染色体确切数目的大好良机。可是他盲目相信美国著名遗传学家潘特20年代初在其著作中提出的"大猩猩、黑猩猩的染色体都是48个，由此也可以推断，人类的染色体也是48个"的说法而放弃了自己的独立研究，错失了一次本该属于他的重大发现。又过了几年，另一位美籍华裔生物学家蒋有兴也采用低渗处理技术，最终得出了人类的染色体不是48个而是46个的结论。

因为过于迷信著名遗传学家潘特的著作，竟让徐道觉放弃自己的独立研究，错失了一次创新发现的机会。高估书本的正确率，低估自己的发现能力，像前面的教士和算命人一样，不是因为不读书而失败，而是因书读得太多妨碍了自己的思考。从这个意义来说，"不信书"也许会让他们取得更大的进步。

读书是为了学知识，但我们不能盲目迷信书本，我们要学会批判性地读书，让书为我所用，并将书本知识与现实相结合，让知识为生活服务、为工作服务。做到这些，才是真正的"读书"。

做到"书为我所用"

赵括是赵国名将赵奢的儿子，从小熟读兵书，谈起用兵之道，连赵奢都对答不上来。但赵奢并不以为然。有人问其中缘由，赵奢说："用兵不是简单的事情，学问很深，并不仅仅是读几本兵书的事情，而赵括只会纸上谈兵。"

后来，秦国进攻赵国，赵王听信谗言，撤回廉颇，任用赵括为将。秦国大将白起听到赵括为将后，带兵攻打赵营，然后诈败。这时，赵括根据兵书上"一鼓作气"、"除恶务尽"的教诲，出兵追击，结果被乱箭射死。

这便是"纸上谈兵"成语的出处，在纸上空谈兵法，解决不了实际问题。无独有偶，三国中的马谡也因迷信书本而丢掉了性命。

《三国演义》中，"熟读兵书，谙熟兵法"的马谡在守卫街亭的战斗中，不听王平劝阻，在山上屯兵，认为这样可"凭高视下，势如破竹"；如敌兵截断水道，我军亦会"背水一战，以一当十"。马谡的这些观点都能在兵书上找到依据，可白纸黑字的兵书与刀光剑影的战场毕竟是两回事。蜀军在被围后，不仅不能"以一当十"，反而"军心自乱，不战而溃"。最后，熟读兵书的马谡未能在战争史上留下一场经典之战，却因诸葛亮的"挥泪斩马谡"而"流芳百世"。

赵括和马谡的书本知识不可谓不精深，但由于他们不结合实际，一味从书本出发，不会活用书中知识，结果不仅未能享受到这些渊博的书本知识带来的好处，相反还因此招来了灾祸。

读书是为了获取知识，获取知识是为了运用，无法运用的知识毫无价值可言。知识贫乏不利于创新，知识太多又容易使人陷入书本定式，同样也不利于创新。我们要做的是灵活运用所学的知识，将本书知识活用到实践中，做到"书为我所用"，进而达到创新的目标。

一次，正在研制电灯泡的爱迪生想知道灯泡的体积，便让从大学数学专业毕业的助手阿普拉去测量。

阿普拉听到爱迪生要求他测量灯泡的体积，便又是量灯泡的直径，又是量灯泡的周长，然后列出公式进行计算。由于灯泡不是球形，计算起来十分复杂，阿普拉算了密密麻麻几大张纸，仍没有结果。

过了几个小时，爱迪生催问结果，阿普拉还没算好。爱迪生一看，阿普拉算得太复杂了。他拿起灯泡，沉在水里，让灯泡灌满了水，然后把灯泡中的水咕嘟咕嘟地倒在量筒中，从量杯的读数轻而易举地测出了灯泡的体积。

阿普拉是大学数学系毕业的，学历高，掌握的书本知识也相当丰富，可在解决"测量灯泡体积"这一并未超过他本专业范围的问题时，还不如只念了3个月小学的爱迪生！

这种现象并不少见，很多刚毕业的学生包括本科生、硕士生甚至博士生，他们在学校里或许是很优秀的学生，但走上工作岗位后往往会碰到所学知识派不上用场的尴尬。很大一部分原因是他们在学校里知道用惯例解决问题的方法，工作后他们还习惯从教科书中找答案。毫无疑问，教科书里已知的或过时的知识肯定无法创造性地解决眼前的问题。

人们常说"知识就是力量"，这句话实际上说得并不确切。确切地说，知识的运用才是力量。满脑子都是知识，但是这些知识一直隐藏在脑子里，从来都没有把它运用出来，这样的知识有什么力量呢？如果一个人获得了一些知识，哪怕是很少的知识，但是他能把这些知识创造性地运用到实践中去，这种知识才会产生力量，才会实现它的价值。

所以，一个会读书的人，一个拥有知识的人，是一个能跳出书本定式，做到"书为我所用"的人。

第4章

唤醒创新意识的
4 种黄金心态

主动进取、积极愉快是积极心态的表现，这种心态能够催人奋进，唤醒人们潜在的创新意识。拥有积极心态的人能够不断自我激励，始终保持积极进取的精神，始终向更高的目标前进。

创新路上或许会有挫折、痛苦、迷茫，但即使再大的困难，在乐观心态面前都会被克服，因为这些磨难在乐观自信、豁达开朗者的眼中是攀登人生高峰的必经之路。

创新贵在坚持，具有强大的毅力才能坚守到创新成功。拥有执着心态的人在创新事业的进程中，越是困难的时候，越会坚持不懈。

空杯心态就是归零、谦虚，就是放下包袱、放低自己的位置轻装上阵。只有持空杯心态，创新者才能盛到更多的"水"，才能进行新一轮的创新。

第1节 积极心态：
创新力涌现的源流

主动进取、积极愉快是积极心态的表现，这种心态能够催人奋进，唤醒人们潜在的创新意识。拥有积极心态的人能够不断自我激励，始终保持积极进取的精神，始终向着更高的目标前进。拥有这种心态的人往往能坚持到底，从而走出困境，摘取创新之果。

积极是创新的动力

成功学大师拿破仑·希尔在数十年的研究中发现，人与人之间之所以有成功与失败的巨大反差，心态起了很大的作用。他认为，我们每个人都佩戴着隐形护身符，护身符的一面刻着PMA（积极的心态），一面刻着NMA（消极的心态）。PMA可以创造成功、快乐，使人到达辉煌的人生顶峰；而NMA则使人终生陷于悲观沮丧的谷底，即使爬到巅峰，也会被它拖下来。这个世界上没有任何人能够改变你，只有你能改变你自己；没有任何人能够打败你，能打败你的也只有你自己。

很多人将自己能不能创新归于外界的因素，认为是环境决定了他们的创新成果。但事实并非如此。心态是一个人创新成败的关键因素，而拥有积极的心态是十分重要的。积极是成功者进行创新的动力，积极是人们创新的助推器。

古代波斯（今伊朗）有位国王，想挑选一名官员担当一个重要的职务。他把那些智勇双全的官员全都召集了来，想看看他们之中究竟谁能胜任。

官员们被国王领到一座大门前。面对这座来人中谁也没有见过的国内最大的大门，国王说："爱卿们，你们都是既聪明又有力气的人。现在，你们已经看到，这是我国最大最重的门，可是一直没有打开过。你们中谁能打开这座大门，帮我解决这个久久没能解决的难题？"

不少官员远远地望了一下大门，连连摇头。有几位走近大门看了看，退了回去，没敢去试着开门。另一些官员也都纷纷表示，没有办法开门。这时，有一名官员走到大门下，先仔细观察了一番，又用手四处探摸，用各种方法试探开门。几经试探之后，他抓起一根沉重的铁链，没怎么用力拉，大门竟然开了！

原来，这座看似非常坚固的大门并没有真正关上。任何一个人只要仔细察看一下，并有胆量去试一试，比如拉一下看似沉重的铁链，甚至不必用多大力气推一下大门，都可以打得开。如果连摸也不摸，看也不看，自然会对这座貌似坚牢无比的庞然大物感到束手无策了。

国王对打开了大门的大臣说："朝廷那重要的职务，就请你担任吧！因为你不局限于你所见到的和听到的，在别人感到无能为力时，你却会想到仔细观察，并有勇气冒险试一试。"接着，他又对众官员说："其实，对于任何貌似难以解决的问题，都需要我们开动脑筋，仔细观察，并有胆量冒一下险，大胆地试一试。"

那些没有勇气试一试的官员们，一个个都低下了头。

并不是其他官员没有能力打开那扇大门，只不过他们一开始就败给了消极的心态。他们因恐惧失败而退却，从而放弃了成功的机会。那位能成功推开大门的官员却拥有积极向上的心态，无论成功还是失败，他都积极地去尝试。创新领域也一样，它就像那扇虚掩的大门，只要你积极一点，多一点前进的动力，你就可以推开创新的大门。

科尔刚到报社当广告业务员时，经理对他说："你要在一个月内完成20 个版面的销售。"

20 个版面，1 个月内？科尔认为这太难了。因为他了解到报社最好的业务员一个月最多才销售 15 个版面。

但是，他不相信有什么是"不可能"的。他列出一份名单，准备去拜访别人以前拜访不成功的客户。去拜访这些客户前，科尔把自己关在屋里，把名单上客户的名字念了 10 遍，然后对自己说："在本月之前，你们将向我购买广告版面。"

第一个星期，他一无所获；第二个星期，他和这些"不可能的"客户中的 5 个达成了交易；第三个星期他又成交了 10 笔交易；月底，他成功地完成了 20 个版面的销售。在月度的业务总结会上，经理让科尔与大家分享经验。科尔只说了一句："不要惧怕被拒绝，尤其是不要惧怕被第 1 次、第 10 次、第 100 次甚至上千次的拒绝。只有这样，才能将不可能变成可能。"

报社同事给予他最热烈的掌声。

科尔用积极的实际行动创造了销售的奇迹。

在积极者的眼中，永远没有"不可能"，取而代之的是"不，可能"。积极者用他们的意志和行动证明了只要积极地迈开第一步，就有创新下去的动力和勇气。

进取心让创新遍地开花

进取心是一种追求成功创新的积极心态，它能让创新遍地开花。

进取心是激发人们改写命运的力量，是完成崇高使命和创造伟大成就的动力。一个具备了进取心的人，就会像被磁化了的指针那样显示出矢志不移的创新力量，展示他生命中阳光的一面。

在创新中，进取心让我们不满足于现有的位置，它是我们走出创新之路的第一步。

到 NBA 去打球，是每一个美国少年最美好的梦想，因为他们渴望像乔丹一样飞翔。

当年幼的博格斯说出自己同样的梦想时，同伴们竟然把肚子都笑痛了。因为博格斯的身高只有 160 厘米，在 2 米都算矮个的 NBA 里，他充其量只是一个侏儒。

但博格斯并没有因为别人的嘲笑而放弃自己的梦想。"我热爱篮球，我决心要打 NBA。"他把所有的空余时间都花在篮球场上。其他人回家了，他仍然在练球；别人都去沐浴夏日的阳光，他还坚持在篮球场上练球。

他每日都告诫自己：我要到 NBA 去打球。他让自己的血液里都流淌着进取的精神。他深知，像他这样的身高，要到 NBA 去必须得有自己的"绝活"。他努力锻炼自己的长处：像子弹一样迅速，运球不发生失误，比别人更能奔跑。

博格斯是夏洛特黄蜂队中表现最优秀、失误最少的后卫队员，他常常像一只小黄蜂一样满场飞奔。他控球一流，远投精准，在巨人阵中也敢带球上篮。而且，他是整个NBA中断球最多的球员。

博格斯是NBA中有史以来创纪录的矮子。他把别人眼中的不可能变成了现实。博格斯曾经自豪地说："我的血液中流淌着进取的精神，所以，我能实现我的梦想。"

比尔·盖茨对年轻人说得最多的一句话就是："永不知足。"他之所以会取得如此大的成功，就是因为他不满足于所取得的成绩，不断进取，始终激励自己向前发展，最后终于实现了自己的理想，到达了他所向往的地位。

其实，创新也一样。人类的发明与创造、社会的进步与创新，都是因为有了进取心和意志力——这两种永不停息的自我推动力，才激励着人类社会取得一个又一个的创新成就的。

向上的力量是每一种生命的本能，它不仅存在于所有的动物身上，埋在地里的种子也存在着这样的力量。正是这种力量刺激着它破土而出，推动它向上生长，向世界展示美丽与芬芳。

玫琳凯在美国可谓家喻户晓，然而在创业之初，她曾历经失败，走了不少弯路。但她从来不灰心、不泄气，最后终于成为大器晚成的化妆品行业的"皇后"。

20世纪60年代初期，玫琳凯已经退休回家。可是过分寂寞的退休生活使她突然决定冒一冒险。经过一番思考，她把一辈子积蓄下来的5000美元作为全部资本，创办了玫琳凯化妆品公司。

为了支持母亲实现"狂热"的理想，两个儿子一个辞去一家月薪480美元的人寿保险公司代理商职务，另一个辞去休斯敦月薪750美元的职务，加入到母亲创办的公司中来，宁愿只拿250美元的月薪。玫琳凯知道，这是背水一战，是在进行一次人生中的大冒险。弄不好，不仅自己一辈子辛辛苦苦的积蓄将血本无归，而且还可能葬送两个儿子的美好前程。

在创建公司后的第一次展销会上，她隆重推出了一系列功效奇特的护肤品。按照原来的想法，这次活动会引起轰动，从而一举成功。可是，"人算不如天算"，整个展销会下来，她的公司只卖出去15美元的护肤品。在残酷的事实面前，玫琳凯不禁失声痛哭。而在哭过之后，她反复地问自己："玫琳凯，你究竟错在哪里？"经过认真分析，她终于悟出了一点：在展销会上，她的公司从来没有主动请别人来订货，也没有向外发订单，而是希望女人们自己上门来买东西……难怪在展销会上落得如此下场。

玫琳凯擦干眼泪，从第一次失败中站了起来，在抓生产管理的同时加强了销售队伍的建设。经过 20 年的苦心经营，玫琳凯化妆品公司由初创时的雇员 9 人发展到现在的 5000 多人；由一个家庭公司发展成为一个国际性的公司，拥有一支 20 万人的推销队伍，年销售额超过 3 亿美元。玫琳凯终于实现了自己的梦想。

是什么力量不断地激励玫琳凯朝着自己的目标前进？这个推动力就是——进取心。一旦拥有一种不断自我激励、始终向着更高目标前进的心态，我们身上的很多不良习性就都逐渐消失了。进取心最终成为一种伟大的自我激励力量，使我们的人生更加崇高，让创新遍地开花。

主动是追赶创新的脚步

主动是一种积极的心态，也是创新的一种方法，主动的人总能用最快的脚步追赶创新。

工作中，那些获得创新成就的人都是积极主动的人，他们确信自己有能力完成任务。这种人的主动性和积极性是发自内心的，而不是来自他人的嘱咐。也就是说，他们不是凭一时冲动做事，也不是只为了得到老板的称赞而工作，而是自动自发地、不断地追求完美。

罗伯是一家大公司的业务经理，在他的办公桌上满是签条、函电、合同和资料。他正在电话里跟两个人商谈，还有两个客户坐在他对面，等着和他谈话。他看了看约会的登记本，记下他要参加的另一个重要会议。此外，他还得口授几封信，并且……这样大的工作压力，对一般人来说，实在是令人难以想象。

让我们看看罗伯是怎么做的吧！

罗伯热忱地对待他的来宾，凝神地聆听他们的陈述，尽其所能地回应他们的需求。他拿起电话，立即与相关的人进行沟通。然后他又转向他的来宾，告诉他们，他对所谈的事情将采取怎样的行动。他对通话机口授一封信，然后回过头来问他的来宾对他的决定是否感到满意。得到满意的答复之后，他把他们送至大门口，和他们亲切握手道别。

把握今天就等于拥有两倍的明天。你必须抱着把今天的事情做完、做好的心态来对待你现在的工作。如果你现在已经在想了，那就立即行动，只有现在是可以把握的，只要做下去就好。在做的过程中，你的心胸会越来越开阔，并获得创新的可能。只要是以这种主动的态度开始，不久之后你就可以成功地追赶上创新的脚步。

自动自发、具有主动进取心态的人，在任何地方都能获得创新成就。那些消极、被动地对待生活、工作，任何事情都要寻找种种借口的人，是注定与创新无缘的。

我们常常认为只要准时上班，按点下班，不迟到，不早退就是完成工作了，就可以心安理得地去领工资了。而实际上，工作首先是一个心态和态度问题，工作需要热情和行动，工作需要努力和勤奋，工作需要一种主动进取、自动自发的创新精神。积极主动的员工将获得更多的创新机会。

麦迪和罗斯一起进入一家快餐店，当上了服务员。他俩的年龄一样大，也拿着同样的薪水。可是工作时间不长，麦迪就得到了老板的嘉奖，很快被加薪，而罗斯仍然在原地踏步。面对罗斯和周围人士的牢骚与不解，老板让他们站在一旁，看着麦迪是如何完成服务工作的。

在冷饮柜台前，顾客走过来要一杯麦乳混合饮料。麦迪微笑着对顾客说："先生，您愿意在饮料中加入 1 个还是 2 个鸡蛋呢？"

顾客说："哦，1 个就够了。"

这样快餐店就多卖出 1 个鸡蛋。在麦乳饮料中加 1 个鸡蛋通常是要额外收钱的。

看完麦迪的工作后，经理说道："据我观察，我们大多数服务员是这样提问的：'先生，您愿意在您的饮料中加 1 个鸡蛋吗？'而这时顾客的回答通常是：'哦，不，谢谢！'对于一个能够在工作中主动发现问题、主动解决问题的员工，我没有理由不给他加薪。"

要创造性地完成任务，最重要的一条就是要克服被动工作的习惯。拿破仑·希尔曾经说过："自觉自愿是一种极为难得的美德，它能驱使一个人在不被吩咐应该去做什么事之前，就能主动地去做应该做的事。"拿破仑·希尔还说过："这个世界愿对一件事情赠予大奖，包括金钱与荣誉，那就是自觉自愿。"拥有自觉自愿美德的人肯定会获得世界赠予他的创新成就奖。

任何公司都需要那些主动寻找任务、主动完成任务、主动创新的员工。所谓主动，指的是随时准备把握机会，展现超乎对他们要求的工作能力，以及拥有"为了完成任务，必要时不惜打破陈规"的智慧判断力和创新精神。

主动积极的程度决定着创新的指数。那些取得创新成就的人和业绩平庸的人之间最大的区别就在于，善于创新的人总是能够主动做事，并愿意为自己的一切行为负责。所以，如果想登上创新之梯的最高处，就得永远保持主动率先的精神，拥有一种主动进取的良好心态。

愉快的心情是承载创新力的轻舟

愉快的心情是一个人幸福和快乐的源泉，愉快的心情不仅是心态问题，也不仅是一个人的问题，它会影响到身边的很多人，产生令人意想不到的效果。愉快的心情可以创造奇迹，它是承载创新力的一叶轻舟。

在宾夕法尼亚的一家杂货铺里，富兰克林（18世纪美国著名的政治家、科学家）目睹了一件事。

在这家杂货铺受理顾客投诉的柜台前，许多女士排着长长的队伍，争着向柜台后的那位年轻女郎诉说她们的遭遇。在这些投诉的妇女中，有的十分愤怒且蛮不讲理，有的甚至讲出很难听的话。柜台后的这位年轻小姐脸上带着微笑，一一接待了这些愤怒而不满的妇女，丝毫未表现出任何憎恶。她的态度优雅而镇静。

站在她背后的是另一位年轻女郎，她在一些纸条上写下一些字，然后把纸条交给站在前面的那位女郎。这些纸条很简要地记下妇女们抱怨的内容，但省略了那些尖酸而愤怒的话语。

原来，站在柜台后面、面带微笑聆听顾客抱怨的这位年轻女郎是位聋子，她的助手通过纸条把所有必要的事实告诉她。

富兰克林站在那儿观看那群排成长队的妇女，发现柜台后面那位年轻的女郎脸上亲切的微笑对这些愤怒的妇女产生了良好的影响。她们来到她面前时，个个像咆哮怒吼的野狼，但当她们离开时，却个个像温顺的绵羊。事实上，她们之中的某些人离开时，脸上甚至露出羞怯的神情，因为这位年轻女郎愉快的心情已使她们对自己的行为感到惭愧。

看，愉快的心情竟然拥有那么大的魅力。生活是这样，工作也一样。在职场中，对自己所从事的事业始终保持愉快心情的人并不是太多，他们不是把工作当作乐趣，而是视工作为苦役。早上一醒来，头脑里想的第一件事就是：痛苦的一天又开始了……磨磨蹭蹭地到公司以后，无精打采地开始一天的工作，好不容易熬到下班，立刻就高兴起来；和朋友花天酒地之时总不忘诉说自己的工作有多乏味，有多无聊。如此周而复始。这种对生活、对工作抱着一种痛苦、厌恶心态的人，他们如何去发挥自己的创新力呢？

诗人弥尔顿说过："一切皆由心生，天堂和地狱只不过一念之间。"拥有愉快的心情，你可以登上快乐创造的天堂。下面这个故事生动地说明了这一点。

有一个叫卢克的年轻人，他的工作是煎汉堡。他每天都很快乐地工作，尤其在煎汉堡的时候，他更是专心致志。许多顾客对他如此开心感到不可思议，十分好奇，纷纷问他："煎汉堡的工作环境不好，又是件单调乏味的事，为什么你可以如此愉快地工作并充满热情呢？"

卢克自豪地回答道："在我每次煎汉堡时，我便会想到，如果点这汉堡的人可以吃到一个精心制作的汉堡，他就会很高兴。所以我要好好地煎汉堡，使吃汉堡的人能感受到我带给他们的快乐。看到顾客吃了之后十分满足并且神情愉快地离开时，我便感到十分高兴，心中仿佛觉得又完成了一件重大的工作。因此，我把煎汉堡当作是我每天工作的一项使命，要尽全力去做好它。"

顾客听了他的回答之后，对他能用这样的工作态度来煎汉堡都感到非常钦佩。他们回去之后，把这件事情告诉周围的同事、朋友或亲人，一传十、十传百，于是很多人都来这家快餐店吃他煎的汉堡，同时看看"快乐煎汉堡的人"。

顾客纷纷把他们看到的卢克认真、热情的表现反映给卢克的公司，公司主管在收到许多顾客的反映后也去了解情况。公司有感于卢克这种热情、积极的工作态度，认为值得奖励并给予栽培。没几年，他便升为分区经理了。

卢克把煎好每一个汉堡并让顾客吃得开心当作自己的工作使命。对他而言，煎汉堡是一件有意义的工作。他把愉快的心情融入制作汉堡的过程中，透过汉堡，把这种愉快传递到每个顾客的手中，从而得到越来越多顾客的认可与赞同。对工作十分认真、热情，而又能时刻保持着愉快心情的人，我们还会怀疑他在工作中的创新力，怀疑他开拓事业的创新精神吗？

人生的价值之一就是在工作中找到乐趣。爱迪生说："在我的一生中，从未感觉是在工作，一切都是对我的安慰……"不要把工作当作一件苦差事，不要抱怨工作本身太枯燥。如果你能够积极地对待自己的工作，从工作中发掘出自身的价值，并始终保持一种愉快的心情，你就会像卢克一样，在无形中提升自己的创新力。

第2节 乐观心态：
创新力前进的灯塔

创新路上或许会有挫折，或许会有失败，或许会有痛苦，或许会有迷茫，但即使再大的困难，在乐观心态面前都会望而却步。因为这些磨难在乐观自信、豁达开朗者的眼中是前进道路上的磨刀石，是攀登人生高峰的必经之路。他们的信念是：不经历风雨，怎能见彩虹。

乐观是指引创新的灯塔

创新不会是一帆风顺的，创新的过程就是不断面对挫折和失败的过程。如果我们碰到挫折就悲观消极，轻言放弃，那么我们永远也摘不到创新的果实。放眼历史上那些创新成功的人士，他们在失败的时候无不是乐观的"灯塔"在指引他们勇往直前。

伟大的科学家爱因斯坦小时候曾遭受到同学们和老师的取笑甚至辱骂。有一次上手工课，老师从学生做的一大堆泥鸭子、布娃娃、蜡水果等作品中拿出一只很不像样的小木板凳，气愤地问："你们谁见过这么糟糕的板凳？我想，世界上不会有比这更糟糕的凳子了。"爱因斯坦回答道："有的。"然后他从书桌里拿出两只更不像样的凳子说："这是我第一次和第二次做的。现在交给老师的是第三次做的，它并不使人满意，但总比这两只强些吧！"

正是这种不畏惧挫折与失败的乐观心态，让爱因斯坦在今后的人生道路上做出了更大的创新成就。

20世纪80年代中期，美国某保险公司曾雇用了5 000名推销员，并对他们进行了培训，每名推销员的培训费高达3万美元。谁知，雇佣后的一年就有一半的人辞职，4年后这批人只剩下了1/5。

该公司的老板向宾夕法尼亚大学心理学家——以提出"在人的成功中乐观情绪的重要性"的理论而闻名的马丁·塞里格曼讨教，希望他能为公司的招聘工作提供帮助。

塞里格曼教授认为，当乐观主义者失败时，他们会将失败归于某些他们可以改变的事情，而不是某些固定的、他们无法克服的困难。因此，他们会努力去改变现状，以争取成功。

塞里格曼教授对公司招聘的 1.5 万名新员工进行了两次测试，一次是用该公司常规进行的以智商测验为主的甄别测试，另一次是塞里格曼教授自己设计的对被测试者乐观程度的测试。而后，他对这些员工进行了分类的跟踪研究。

在这些新员工当中，有一组人没有通过甄别测试，但在乐观测试中，他们却取得了"超级乐观主义者"的成绩。跟踪研究的结果表明：通过乐观测试的这一组人在所有的人中工作任务完成得最好。第一年，他们的推销额比"一般悲观主义者"高出 21%，第二年高出 57%。从此，通过塞里格曼教授的"乐观测试"成了该公司录用推销员的一个重要条件。

乐观的人能冷静、客观地面对挫折。他们会认真分析失败的原因，探索新的方法，只要是能够战胜的困难，他们绝不回避；以一己之力无法战胜或即便取胜了也得不偿失的障碍，他们会考虑其他更有利于自己发展的创造性的方法。总之，在反思失败的过程中，乐观者的创新力得到进一步的提升。

哈佛大学医学院曾进行过 104 项科学研究工作，研究对象达 15000 人。研究结果证明，乐观能帮助人变得更幸福、更健康，并且更富创造性；悲观则正好相反，能导致人绝望、罹患疾病和步入失败。心理学家克雷格·安德森教授说："如果我们能引导人们更乐观地去思考，这就好比为他们注射了防止精神疾病的预防针。"研究人员解释说："你的才能当然重要，但相信自己必定能成功的想法，常常是决定成败的关键因素。"

乐观是一种积极的人生心态，乐观是一种有效的创新态度。

乐观的人在遭受挫折打击时，仍坚信情况会好转，坚信前途是光明的，创新的希望就在前方。乐观的人身处困境时不心灰意冷、不绝望或意志消沉，他们始终与创新同行。

因此，乐观是指引创新的灯塔。乐观的心态可以为失败的人提供前进的方向，乐观的心态能让人勇敢地面对一切，勇敢地迎接人生的挑战，乐观的心态可以使人战胜一切而获得创新。

在逆境中遥望创新之光

创新的路途不可能总是阳光灿烂，既有成功的喜悦，也有失败的烦恼；既会经历波澜不惊的坦途，更有布满荆棘的险境。在挫折和磨难面前，畏缩不前的是懦夫，奋而前行的是勇者，攻而克之的是英雄。

逆境是一片惊涛骇浪的大海，你既可以在那里锻炼胆识、磨炼意志，获取创新宝藏，也有可能因胆怯而后退，甚至被吞没。这一切就看你采取何种态度面对创新路上的种种逆境。

对具有乐观心态的人来说，逆境算什么！在挫折和失败面前，他们有永不言败的心态：惭愧而不气馁，内疚而不失望，自责而不伤感，悔恨而不丧志，在失败中踏出一条新路，在逆境中看见创新之光。

一天夜里，一场雷电引发的山火烧毁了美丽的"万木庄园"，这座庄园的主人迈克陷入了一筹莫展的境地。面对如此大的打击，他痛苦万分，闭门不出，茶饭不思，夜不能寐。

转眼间，一个多月过去了，年已古稀的外祖母见他还陷在悲痛之中不能自拔，就意味深长地对他说："孩子，庄园成了废墟并不可怕，可怕的是，你的眼睛失去了光泽，一天一天地老去。一双老去的眼睛，怎么能看得见希望呢？"

迈克在外祖母的劝说下决定出去转转。他一个人走出庄园，漫无目的地闲逛。在一条街道的拐角处，他看到一家店铺门前人头攒动。原来是一些家庭主妇正在排队购买木炭。那一块块躺在纸箱里的木炭让迈克的眼睛一亮，他看到了一线希望，急忙兴冲冲地向家中走去。

在接下来的两个星期里，迈克雇了几名烧炭工，将庄园里烧焦的树木加工成优质的木炭，然后送到集市上的木炭经销店里。

很快，木炭就被抢购一空，迈克因此得到了一笔不菲的收入。他用这笔收入购买了一大批新树苗，一个新的庄园初具规模了。

几年以后，"万木庄园"再度绿意盎然。

"山重水复疑无路，柳暗花明又一村"。世间没有死胡同，就看你如何去寻找出路。正视逆境，不在困难面前退缩，才能开辟新路。人生之路如此，创新之道亦如此。

创新是从不断的挫折和失败中建立起来的，它是一种结果，也是一种不怕失败、在磨难中永不屈服的能力。松下幸之助说："成功是一位贫乏的教师，它能教给你的东西很少；而我们在失败的时候，学到的东西最多。"因此，不要害怕逆境，逆境是创新之母。没有逆境，就不可能有创新。那些创新不成功的人大多数是没有经历过逆境的人。

创新之路难免坎坷和曲折，有些人把痛苦和不幸作为退却的借口，也有人在痛苦和不幸面前寻得复活和再生。只有勇敢地面对不幸和超越痛苦，永葆青春的朝气和活力，用理智战胜不幸，用坚持战胜失败，我们才能真正成为创新机遇的主宰，成为获得创新成就的强者。

第二次世界大战刚刚结束的时候，德国到处是一片废墟。有两个美国士兵访问了一家住在地下室的德国居民。离开那里之后，两个人在路上谈起感受。

甲问道："你看他们能重建家园吗？"

乙说："一定能。"

甲就问："为什么回答得这么肯定呢？"

乙反问道："你看到他们在黑暗的地下室的桌子上放着什么吗？"

甲说："一瓶鲜花。"

乙接着说："任何一个民族，如果处于这样困苦的境地还没有忘记鲜花，那就一定能够在这片废墟上重建家园。"

在逆境面前不忘记鲜花，昂首面对困苦，这样的民族必然会重新崛起。

威廉·詹姆斯说："我们所谓的灾难很大程度上归结于人们对现象采取的态度，受害者的内在态度只要从恐惧转为奋斗，坏事就会变成令人鼓舞的好事。在我们尝试过避免灾难而未成功时，如果我们勇敢面对灾难，乐观地接受它，它的毒刺往往就会脱落，变成一株美丽的花。"

只有经历了风雨的彩虹才会放出美丽的光彩，只有在逆境中做出的创新才最弥足珍贵。"宝剑锋从磨砺出，梅花香自苦寒来。"在逆境中奋起是获得创新成功的一种方式，不断突破逆境的创新是最甘美的果实。所以，遭遇逆境时，不要灰心，不要绝望，我们要学会在逆境中遥望创新之光。

豁达之人才能俘虏创新

豁达是一种人生态度，是一种明智的处世方式，同时，它也是俘虏创新的人性之网。

三伏天，寺院的草地枯黄了一大片。"春天时撒点种子吧！"小和尚说。

师父挥挥手道："随时！"

中秋节，师父买了一包草籽，叫小和尚去播种。

秋风起，草籽边撒边飘。"不好了！好多种子都被吹走了。"小和尚喊。

"没关系，吹走的多半是空的，撒下去也发不了芽。"师父说，"随性！"

撒完种子，跟着就飞来几只小鸟啄食。"怎么办？种子都被鸟吃了！"小和尚急得跺脚。

"没关系！种子多，吃不完！"师父说，"随遇！"

半夜一阵骤雨，小和尚早晨冲进禅房："师父！这下真完了！好多草籽被雨冲走了！"

"冲到哪儿，就在哪儿发芽！"师父说，"随缘！"

一个星期过去了，原本光秃秃的地面居然长出许多青翠的草苗，一些原来没播种的角落也泛出了绿意。小和尚高兴得直拍手。师父点头："随喜！"

"随"是豁达的一种表现形式，它不是随便，而是顺其自然，是不过度、不强求、不忘形。拥有豁达的胸怀，便拥有洒脱的人生。

一颗豁达的心灵犹如久旱后的甘霖，使人从琐碎的烦恼中挣脱，变得坦荡，变得清灵，变得心胸开阔。正所谓"心无芥蒂，天地自宽"，容纳须有一个豁达的胸襟，创新也需要有一个豁达的心态。

具有豁达心态的人，他们眼睛里流露出来的光彩会使整个人都溢彩流光。在这种光彩之下，寒冷会变成温暖，痛苦会变成舒适，创新的挫折也会随风而去。这种心态使美德更加崇高，使智慧更加熠熠生辉，使创新成功的可能性稳步提高。

比尔·盖茨曾说过："没有豁达就没有宽容。无论你取得多大的成功，无论你爬过多高的山，无论你有多少闲暇，无论你有多少美好的目标，没有宽容心，你仍然会遭受内心的痛苦。"法国大作家雨果的名言为我们所熟悉："世界上最宽广的是海洋，比海洋更宽广的是天空，比天空更宽广的是人的胸怀。"

豁达是一种超脱，是自我精神的解放。豁达是一种宽容，恢宏大度，胸无芥蒂，肚大能容，汇纳百川。

豁达好比一张宽大的人性之网，它大到足以俘虏任何创新的思想。

我们常形容豁达、大度者"宰相肚里能撑船"，这里面其实有一段相当有趣的典故。

相传，宋朝有一宰相中年丧妻，后娶名门才女姣娘为继室。婚后，宰相忙于国事，常不回家。而姣娘正值妙龄，难耐寂寞，便与家中一书童偷情。事情很快传到宰相的耳朵里。一天，他假称外出办事，悄悄藏在家中，让轿夫抬着空轿子出了门。深夜，他蹑手蹑脚地溜到居室的窗外，听到俩人正在调情，就很生气。但他并没有惊动屋里的人，而是拿起一根竹竿朝树上的老鸹窝捅了几下，老鸹惊叫着飞了。屋里偷情的书童闻声忙从后窗逃走了。

转眼到了中秋，宰相想借饮酒赏月之时婉言相劝姣娘，便趁着酒兴说："饮空酒无趣。我吟诗一首你来作答如何？""是。"姣娘答。

宰相吟道：

"日出东来还转东，乌鸦不叫竹竿捅，鲜花搂着棉蚕睡，撇下干姜门外听。"

姣娘一听就脸红了，"扑通"跪在丈夫面前答道：

"日出东来转正南，你说这话整一年。大人莫见小人怪，宰相肚里能撑船。"

宰相见她诚心认错，心也就软了。他想：自己已经花甲，而姣娘正值花季，不能全怪她，与其责怪他们不如成全他们。中秋节后，宰相赠白银千两，让书童与姣娘成了亲。事情传开后，人们对宰相的宽宏大量赞不绝口，"宰相肚里能撑船"也就成了千古美谈。

一个人若肚量大，心胸豁达，方能纵横驰骋；若纠缠于无谓鸡虫之争，非但有失儒雅，而且会终日郁郁寡欢，神魂不定。这种心态又怎么会利于创新活动的开展呢？唯有对世事时时心平气和、宽容大度，才能处处契机应缘、赢取创新成就。

豁达是一种宠辱不惊的平和，一种任云卷云舒、去留无意的洒脱。它能够使你视功名如粪土，视成败为过眼烟云。拜伦说："真正有血性的人，绝不乞求别人的重视，也不怕被人忽视。"爱因斯坦用支票当书签，居里夫人把诺贝尔奖章给女儿当玩具。莫笑他们的"荒唐"之举，这正是他们淡泊名利的豁达心胸的表现，是他们崇高精神的折射。正是这样，他们才能抛下所有的成败得失，在科学创新的道路上走得更远。

第3节 执着心态：
创新力迸发的支柱

创新贵在坚持，只有拥有强大的毅力才能坚守到创新成功。拥有执着心态的人就会有不屈不挠、百折不回的执着精神和锲而不舍、苦苦坚持的坚韧品质。在创新事业的进行中，越是困难的时候，越是要坚韧不拔、坚持不懈，创新机会的获得就在于再坚持一下。

执着才能坚守创新

在人生的历程中，我们总会遇到很多困难。正因为这些困难和挫折的存在，我们内在的创新潜能才能得到更深层次的挖掘和利用。如果生活总是一帆风顺，那我们自身就不会获得更大的创新进步。所以，逃避困难的行为不仅是不现实的，而且不利于我们自身的进步和发展。因此，我们不应逃避困难，而应以积极的心态主动迎接困难，通过自己坚持不懈的努力最终克服困难、实现创新，这就是执着心态。

坚持到底是执着的必备要素，也是创新成功的重要条件。如果失去了这一条件，即使你才识渊博、技能娴熟，也无法成功地获得创新成果。

卡勒先生说："许多人的失败都应归咎于他们没有恒心。"的确如此。大多数人虽然颇有才情，也具备成就创新的能力，但他们缺少恒心、缺少耐力，只能做一些平庸安稳的事情。一旦遭遇些微的困难、阻力，就立刻退缩下来，裹足不前。可见，不屈不挠、百折不回的执着精神是获得胜利的基础，拥有执着精神的人才能坚守创新。

我们来看一则关于小草的寓言。

一棵小草努力地在人生道路上行走。

"我还要走多久？"它大声地问命运之神。

"只要你还活着，只要你还有一口气，就要走。"命运之神用平静的声音回答它。

"可是我已经走累了。我真的想躺下，永远不再起来。"小草哀求着，有气无力地说。

"如果你愿意，你可以选择死亡。"命运之神仍然很平静，而且平静中又多了几分冰冷。

小草的心被命运之神的态度深深刺痛了。它继续哀求着："你为什么对我这么不公平？为什么不给予我健康和平安？为什么要让我饱受摧残和折磨？"小草的声音愁苦、悲凉……

"因为我是命运之神。任何生物的命运都由我来决定。我想让谁快乐，谁就快乐；我要让谁受苦，谁就受苦。这是我的特权，没人能改变，也不会提前和任何人言明。没有人能战胜我。除非选择死亡，否则休想摆脱我的操纵。"命运之神生硬、傲慢的回答分明带着嘲弄的意味。

小草的嘴唇咬出了血，心如刀绞。它跌倒在路上，泪水无声地滑落，它愤怒，它怨恨，然而换来的是内心的疲惫和更深的绝望。

小草注视着夜空，残月悲凉，星光冰冷。

忽然一颗流星横空滑过。小草的耳边响起父母慈爱的叮咛："孩子，振作起来。命运可以对你不公，但是你不能向命运低头屈服。去看那颗流星。"

"打起精神，别被命运左右。自暴自弃不是你的性格，更不是你以后的人生路，鼓起勇气去寻找生活的真谛。"朋友真挚的话语在耳畔响起。

流星的飞逝，父母的深情，朋友的真诚，这一切使小草的内心思潮翻涌，有一种神奇的力量油然而生，小草终于重新燃起对生活的希望。

它仰天长啸，一种生命的尊严、一种生存的态度依声而生：是的，我有生命，生命就应该有尊严和理想。

是的，比起那些无所事事、已经丧失尊严和理想的健全人，积极生活、乐观向上的残障人是受人尊重的。它的心中产生了洪钟般的共鸣。

终于，它用尽所有力气站起身，向人生之路艰难地前进。命运之神露出嘲笑的目光，断定它不会坚持多久。

它跌倒，爬起；又跌倒，再爬起来……

它艰难地走着。它走过的地方，留下了血与泪的痕迹，还有和死神搏斗的迹象。

的确，它曾经迷茫困惑，曾经放弃和失落。但它仍在执着地走，为尊严，为理想。

命运之神给它金钱，给它名利，也给它一句话："只要你放弃尊严，放弃理想，这些东西都是你的。"

它毫不犹豫地将这一切唾弃。

"你不喜欢金钱和名利？"有人问它。

"我知道金钱可以让我安逸地生活，知道名利可以让我获得虚荣。但是我绝不用尊严和理想去交换。"

"你是要为你的顽固付出代价的。"命运之神再一次威胁。

"就算如此，我仍然坚持我的理想！"小草的话掷地有声。

"你还能走多久？"命运之神大声地问它，语气中分明充满了畏惧。

"只要我还活着，只要我还有一口气，就要走。"小草的平静让命运之神良久无语。

忽然，小草惊奇地发现它的身体健壮了很多，它没有了病痛的折磨，它不停地长高，长大，更加强健，更加有活力。小草的朋友来了，大声说："小草，恭喜你，命运之神终于帮助你了！"

这时命运之神的声音在空旷中清晰地响起："战胜我的不是小草本身，而是小草执着的人生态度！"

小草的故事告诉我们：执着能够改变命运，执着能够战胜困难。无论生活中还是工作中，只要我们保持一种积极的态度，坚守一份执着的精神，我们就能战胜困难，改写我们的命运。

创新领域也一样：多一份执着心态，我们就多一份取得创新成功的可能，只有执着才能坚守创新。

坚韧是创新的脊梁

坚韧是一种锲而不舍、苦苦坚持的执着精神，很多创新成功的人靠的就是这种坚韧不拔的精神。坚韧是支撑创新成功的脊梁。

老约翰是一家大公司的董事长，每年利润有上百万。他已年过七旬，却不愿意在家里享清福，每天都要到公司去巡视。

老约翰对员工很和善，从不发脾气。看见有人工作没做好，他就会拔出含在嘴里的大雪茄，说："伙计，没关系，别灰心，坚持下去，准能成功。"说完他还拍拍对方的肩膀。他这种做法很得人心，全公司上下都十分卖力地工作，谁也不偷懒。

一天，新产品开发部经理菲尔向老约翰汇报："董事长，这次试验又失败了。我看就别搞了，都第 23 次了。"菲尔皱着眉头，瘦削的脸上神情十分沮丧。办公室里温暖如春，各种装饰品闪闪发光，米黄色的地板一尘不染。看到这些，菲尔就想起自己经常停暖气的公寓，什么时候自己也能拥有这样的房子？再瞧瞧歪靠在皮椅上的董事长，脑门被阳光照得泛着亮光。这老头有啥本事成为这么大家业的主人？菲尔心里暗想。

"年轻人，别着急，坐下。"老约翰指了指椅子，"有时候事情就是这样，你屡干屡败，眼看没有希望了，但这时如果你能保持一种坚韧不拔的意志，没准就能成功。"老约翰将一支雪茄塞进他的嘴里。

"董事长，我真没办法了，您是不是换个人？"菲尔的声音有些沙哑。

"菲尔，你听我说，我让你做，就相信你能成功。来，我给你讲个故事。"老约翰吸了一口雪茄，缕缕青烟在他脸旁袅袅上升，他眯着眼睛开始讲起来：

"我也是个苦孩子，从小没受过教育，但我不甘心，一直在努力，终于在我 31 岁那年，发明了一种新型节能灯。这在当时可是个不小的轰动。但我是个穷光蛋，要进一步完善还需要一大笔资金。我好不容易说服了一个私人银行家，他答应给我投资。可我这个新型节能灯一投放市场，其他灯就会没销路，所以有人暗中千方百计阻挠我成功。可谁也没想到，就在我要与银行家签约的时候，我突然得了胆囊炎，住进了医院。大夫说必须做手术，不然就有危险。那些灯厂的老板知道我得病的消息后就在报纸上大造舆论，说我得的是绝症，骗取银行的钱来治病。这样一来，那位银行家也半信半疑，不准备投资了。更严重的是，有一家机构也正在加紧研制这种节能灯，如果他们抢在我前头，我就完蛋了！当时我躺在病床上万分焦急，没有办法，只能铤而走险，先不做手术，仍如期与那位银行家见面。

"见面前，我让大夫给我打了镇痛药。在我的办公室见面时，我忍住疼痛，装作没事似的，和银行家拍肩握手，谈笑风生，但时间一长，药劲过去了，我的肚子跟刀割一样疼，后背的衬衣都湿透了。可我咬紧牙关，继续和银行家周旋。我心里只剩下一个念头：再坚持一下，成功与失败就在于能不能挺住这一会儿。病痛终于在我强大的意志力下低头了。自始至终，在银行家面前，我一点破绽也没露，完全取得了他的信任，最后我们终于签了约。我送他到电梯门口，脸上还带着微笑，挥手向他告别。但电梯门刚一关上，我就"扑通"一下倒在地上，失去了知觉。隔壁的医生早就准备好了，他们冲过来，用担架将我抬走。后来据医生说，当时我的胆囊已经积脓，相当危险！知道内情的人无不佩服我的这种精神。我，就靠着这种精神一步步走到了现在。"

老约翰一口气将故事讲完，他的头靠在皮椅上，手指夹着仍在冒烟的半截雪茄，闭起了双眼，仿佛沉浸在对往日的回忆中。这时屋里静极了，只有墙上大挂钟的嘀嗒声。菲尔被老约翰的故事感动了。他望着董事长那油光发亮的前额，眼眶里闪动着晶莹的泪花，感到万分羞愧。唉！和董事长相比，自己这点困难算什么？从董事长身上他看到一种精神，而这精神就是创造财富的真谛！董事长无愧于这个庞大公司的主人，无愧于这间高大宽敞、摆放着高级硬木家具房屋的拥有者。

"董事长，您刚才讲得太动人了，从您身上我真的体会到了再坚持一下的精神。我回去重新设计，不成功，誓不罢休！"菲尔挺着胸，攥着拳，脸涨得通红，说话的声音都有些颤抖了。

事实是最好的证明，在试验进行到第25次的时候，菲尔终于取得了成功。

靠着坚韧不拔，老约翰赢得了银行家的投资；靠着坚韧不拔，菲尔获得了24次失败后的成功。坚韧不拔让他们开拓了工作上的创新之旅。

不管我们的人生道路上有多少个难题等待着我们去解决，我们都要有锲而不舍、坚韧不拔的毅力和战胜困难的决心，相信阳光总在风雨后。

有位伟人说过："世上绝大多数人的失败，其实就败在距创新一步之遥上，败在他的意志力和耐力上。"

人的创新成就主要是由自身的努力程度决定的，努力七分和努力十分的人生注定会有天壤之别。我们做任何事情也一样，创新的成功与失败只在一步或半步之差，起决定作用的往往是最后那一关键时刻。中场退出的人注定难以取得创新成就，创新的光环只垂青于坚持到底、永不放弃的人。

创新就在于再坚持一下

创新成功往往是从坚持最后一秒的时间中得来的。但是很多人往往不懂坚持的意义，在离创新只有一步之遥时放弃努力，半途而废，结果造成了巨大的损失和无法挽回的遗憾。

一艘客轮在海上遇难，有个人在波浪中很幸运地抱住了一根木头，并和木头一起漂到一个荒岛上。他把岛上所有能吃的东西通通都搜集起来，并用木头搭了一个小棚子以储放这些食物，然后他静下心来等待救援的船只。

他每天都爬到岛上的一座小山坡上，向海上张望，却没有等到一艘船的到来。一天，他又去张望，忽然天阴了下来，雷电大作。

他看见自己的木棚的方向冒起了浓烟，于是急忙跑过去，原来是雷电点燃了木棚。他希望能赶快下一场雨把火浇灭，因为木棚里有他所有的食物啊！可是，直到木棚化为灰烬，也没下一滴雨。

没有了食物，他绝望了，心想这一定是天意，就心灰意冷地在一棵树上结束了自己的生命。

就在他停止呼吸后不久，一艘船经过这里。船上的人来到岛上，船长看到灰烬和吊在树上的尸体，明白了一切。他对船员们说："这个可怜的人没有想到失火后冒出的浓烟会把我们的船引到这里。其实，只要他再坚持一下，就会获救的。"

人生总有低潮，失去希望的人会因此失去信念，把自己击垮；而执着努力的人能够转移和排遣痛苦，迎接光明的到来。其实成功与否只在于能否再多坚持一下。

创新贵在坚持，强大的毅力会使我们创新成功。其实，很多创新的取得不是由才智决定的，而在于我们能否坚持到最后。

探究一些人创新失败的原因，并不是他们没有能力、没有诚心、没有希望，而是他们没有坚持到底的恒心。他们怀疑自己是否有创新的能力，有时他们看中了一个创新机会，以为绝对有成功的把握，但在成功的前一分钟却放弃了，这种人到头来总是以创新失败告终。一个下定决心就不再动摇的人，无形之中能给人一种最可靠的保证。他做起事来一定肯于负责，一定有创新成功的希望。因此，我们想创新，就应该遵照已经制订好的计划坚持不懈地去努力，不达目的绝不罢休。

真正发明电灯并使之大放光明的是美国发明家爱迪生。他是铁路工人的孩子，小学未读完就辍学了，靠在火车上卖报度日。爱迪生是一个异常勤奋的人，喜欢做各种实验，制做出许多巧妙的机械。他对电器特别感兴趣。自从法拉第发明电机后，爱迪生就决心制造电灯，为人类带来光明。

爱迪生在认真总结了前人制造电灯的失败经验后，制订了详细的试验计划，分别在两方面进行试验：一是分类试验多种不同耐热的材料；二是改进抽空设备，使灯泡有高真空度。他还对新型发电机和电路分路系统等进行了研究。

为了研制电灯，爱迪生在实验室里常常一天工作十几个小时，有时连续几天做试验。试验了 100 多种材料，没有找到合适的；200 多种，没有找到合适的；600 多种，还是没有找到合适的；1000 种，还是没找到；1500 种，仍然没有找到；然而在第 1600 多种的时候，他终于找到了：碳丝适合用来作灯丝！他把一截棉丝撒满碳粉，弯成马蹄形，装到坩埚中加热，做成灯丝放到灯泡中，再用抽气机抽去灯泡内的空气。电灯亮了，竟能连续使用 45 个小时。就这样，世界上第一批碳丝的白炽灯问世了。1879年伊始，爱迪生电灯公司所在地洛帕克街灯火通明。爱迪生碳丝电灯的发明，使黑暗化为光明，使大千世界变得更光彩夺目、绚丽多姿。

试想，假如爱迪生遇到失败便灰心、气馁，甚至放弃，没有顽强的毅力，没有坚持到底的决心，那么电灯的出现还不知要推迟多少年。

在创造事业的过程中，越是困难的时候越需要坚持不懈的精神。很多时候，创新机会的获得就在于再坚持一下。如果爱迪生没有坚持到底，在试验了 1500 种甚至 1600 种材料的时候放弃了，那么他能发明出用碳丝做灯丝的电灯吗？显然是不可能的。历史上的种种发明创造告诉我们，创新者的特征就是：绝不因受到任何阻挠而颓丧，只盯住目标，勇往直前，坚持到底。

在创新的道路上，我们应该时刻保持坚持到底的执着心态。请相信，创新就在于再坚持一下。

第4节 空杯心态：
创新力成长的沃土

空杯的心态就是归零、谦虚的心态，就是卸下成败包袱、放低自己的位置轻装上阵的心态。只有持空杯心态才能盛到更多的"水"，才能接触更多的知识，才能得到快速成长，才能学到更多的成功方法，才能进行新一轮的创新。保持空杯心态，才能不断发展，创造新的辉煌。

不要背着包袱去创新

空杯的心态就是归零、谦虚的心态，简单说就是重新开始。

人们常常有这样一个疑问：第一次成功相对比较容易，而第二次却不容易了。这是为什么？

一位国内著名的集团老总曾经说过这样意味深长的话："往往一个企业的失败，是因为它曾经的成功，过去成功的理由是今天失败的原因。任何事物发展的客观规律都是波浪式前进，螺旋式上升，周期性变化。中国有句古话叫'风水轮流转'，用经济学讲就是资产重组。"

你可能有过杰出的才能，做出过多次创新成就，但是当你想要取得更大的成功，取得下一轮新的成功的时候，你一定要有一个空杯心态。空杯心态就是要我们把以前所有成败得失的包袱扔掉，轻装上阵。只有具有了这种空杯心态，我们才能快速成长，才能学到更多的成功方法，从而进行新一轮的创新。

有一年，哈佛校长向学校请了3个月的假，然后告诉自己的家人，不要问他去什么地方，他每个星期都会给家里打个电话，报个平安。

校长只身一人去了美国南部的农村，尝试着过另一种全新的生活。他到农场去打工，去饭店刷盘子。在田地做工时，背着老板躲在角落里抽烟，或和工友偷懒聊天，都让他有一种前所未有的愉悦。

最有趣的是，最后他在一家餐厅找到一份刷盘子的工作。干了4个小时后，老板把他叫来，跟他结账。老板对他说："可怜的老头，你刷盘子太慢了，你被解雇了。"

"可怜的老头"重新回到哈佛，回到自己熟悉的工作环境后，觉得以往再熟悉不过的东西都变得新鲜有趣起来，他此后的工作变得更富创新性。

归零的心态让校长今后的工作变得更富创新成效。

从某种意义上讲，当一个人的创新活动遭遇某种阻碍时，可以像哈佛校长那样以内心"空杯"的方式扔下以前的包袱，寻找另一片精神的"后花园"，从而唤醒创新的激情和乐趣。

现代社会，人在职场，职业倦怠、创新力丧失等似乎已习以为常，每过一段时间，每到一定阶段，如果感到一种难以摆脱的压抑和烦躁，可以采用适当地将现状"空杯"的方式去前进，或许是种不错的选择。

空杯心态是一种谦虚的心态。它让我们以一种更加纯粹的方式去生活。正如我们要喝一杯咖啡，就必须把杯子里的茶先倒掉，否则把咖啡加进去之后，就茶也不是，咖啡也不是，成了四不像。

一切从头再来，保持谦虚心态就像大海一样把自己放在最低点来吸纳百川。虚心使人进步，骄傲使人落后。谦虚是人类最大的成就。谦虚能让我们得到他人的尊重。

保持一种空杯心态对于一个人长期的发展至关重要。海尔集团首席执行官张瑞敏说："我们主张产品零库存，同样主张成功零库存。只有把成功忘掉，才能面对新的挑战。"海尔的年销售额达数百亿元，但张瑞敏从未有过一丝飘飘然的感觉。相反，他时时处处向员工灌输危机意识，要求大家面对成功始终要保持一种如履薄冰的谨慎。正是如此，才有海尔产品的不断创新与进步。

创新成就仅代表过去，如果一个人沉迷于以往成功的回忆，那他将很难做出下一个创新。对于有远大志向的追求者来说，创新永远在下一次。

人们问球王贝利哪一个进球是最精彩、最漂亮的，他的回答永远是"下一个"！冰心说："冠冕是暂时的光辉，是永久的束缚。一个人只有摆脱了历史光辉的束缚，才能不断地向前迈进。"

空杯心态，其实就是一种虚怀若谷的精神。有了这种精神，人才能够不断进步，不断走向新的成功。保持空杯心态，我们才能不断发展，不断创造新的辉煌。

空杯能盛更多的水

一个杯子若装满了水，稍一晃动，水便会溢出来。同样，如果一个人心里装满了骄傲，便再也容纳不了新知识、新经验和别人的忠言了。长此以往，他的事业或者止步不前，或者受挫。古人云"满招损，谦受益"，这其实就是要求人们有一种空杯心态。

文艺复兴时期的大师达·芬奇在《笔记》中感叹道："贫乏的知识使人骄傲，丰富的知识则使人谦逊；所以空心的禾穗高傲地举头向天，而充实的禾穗低头向着大地，向着它们的母亲。"谦逊就像跷跷板，你在这头，对方在那头。只要你谦逊地压低了自己这头，对方就高了起来。

有人问苏格拉底是不是生来就是超人，他回答说："我并不是什么超人，我和平常人一样。但有一点不同的是，我知道自己无知。"这就是一种谦卑。无怪乎古罗马政治家和哲学家西塞罗会说："没有什么能比谦虚和容忍更适合一位伟人了。"

爱因斯坦是科学界的泰斗，有一次他的学生问他："老师的知识那么渊博，为何还能做到学而不厌呢？"爱因斯坦很幽默地解释道："假如把人的已知部分比做一个圆的话，圆外便是人的未知部分，所以说圆越大，其周长就越长，他所接触的未知部分就越多。现在，我这个圆比你的圆大，所以，我发现自己尚未掌握的知识自然是比你多，这样的话，我怎么还懈怠得下来呢？"正是由于这种空杯心态，爱因斯坦从不认为自己是一个伟人，他在科学的道路上孜孜不倦地探索，做出了很多造福人类的创新发明。

"空杯"是一种积极崇高的品质。如果妥善运用，就能够使人类在物质上和精神上不断地提升与进步，取得更大的创新成就。

一颗空杯的心是自觉成长的开始，也就是说，在我们承认自己并不知道一切之前，是不会学到新东西的。许多年轻人都有这种通病，只学了一点点就自以为已经学到一切，自以为是万事通。

西方哲学家卡莱尔说："人生最大的缺点，就是茫然不知自己还有缺点。"因为人们只知道自我陶醉，一副自以为是、唯我独尊的态度，殊不知这种态度会遭到多数人的排斥，使自己处于不利地位。

谦虚是空杯心态的一种表现。谦虚是人性中的美德，也是让人不断取得更多创新进步的要领。

如果你想获得创新，谦虚就是必要的品质。在你到达创新的顶峰之后，你会发现谦虚更重要。只有谦虚的人才能得到智慧，聪明的人最大的特征是能够坦然地说"我错了"。真正的谦虚是自己毫无成见，思想完全解放，不受任何束缚，对一切事物都能做到具体问题具体分析，采取实事求是的态度正确对待，对于来自任何方面的意见都能听得进去，并加以考虑。这样的人能做到在成绩面前不居功，不重名利；在困难面前敢于迎难而上，主动进取。这样的人才能从零开始，学到更多的知识，从而有利于创新。

空杯心态是通往创新之路必备的心态。没有空杯心态，我们就会太过自满，以致不想去面对今后的挑战。没有空杯心态，我们就不善于发现，不会去探索新的领域，进行另一轮创新。如果不能保持空杯心态，我们就不敢承认错误，找出解决问题的方法，重新开始。空杯心态是我们对人类文明的未来以及我们在其中所处的地位表示关注的应有的心态，也是那些对世间一切事物不肯放任自流，希冀以奋斗不息的努力，实现人类更大创新发明的人应有的心态。

人生有涯，知识无涯。不管你多有才能，曾经有多么辉煌的成绩，如果你一味沉溺于对昔日表现的自满当中，那么学习就会受到阻碍。要是没有终身学习的空杯心态，不能不断学习各个领域的新知识，不断开发自己的创造力，你终将丧失自己的创新力。因为，一旦拒绝学习，创新力就会迅速贬值，所谓"不进则退"，转眼之间你就会被时代淘汰。

放低自己的位置，得到的创新成果会更多

如果把创新成果比喻成海滩上那些零星散布的贝壳，那么只有那些低下头、弯下腰、放低自己位置的人才有捡到贝壳的可能。

无论你的学识多么深厚，无论你的经验多么丰富，不放低自己的位置，

你永远摘取不到布满脚边的创新成果。下面这个故事可以给我们这种启示。

这是美国东部一所大学期终考试的最后一天。在教学楼的台阶上，一群工程学高年级的学生挤成一团，正在讨论几分钟后就要开始的考试。他们的脸上充满了自信。这是他们参加毕业典礼和工作之前的最后一次测验。

一些人在谈论他们现在已经找到的工作，另一些人则谈论他们将会得到的工作。带着经过 4 年的大学学习所获得的自信，他们感觉自己已经准备好了，并且能够征服整个世界。

他们知道，这场即将到来的测验将会很快结束。因为教授说过，他们可以带他们想带的任何书或笔记。要求只有一个，就是他们不能在测验的时候交头接耳。

他们兴高采烈地冲进教室。教授把试卷分发下去。当学生们注意到只有 5 道评论类型的问题时，脸上的笑容更加灿烂了。

3 个小时过去了，教授开始收试卷。学生们看起来不再自信了，他们的脸上是一种恐惧的表情。没有一个人说话。教授手里拿着试卷，面对着整个班级。

他俯视着眼前那一张张焦急的面孔，问道："完成 5 道题目的有多少人？"

没有一只手举起来。

"完成 4 道题的有多少？"

仍然没有人举手。

"3 道题？ 2 道题？"

学生们开始有些不安，在座位上扭来扭去。

"那 1 道题呢？当然有人会完成 1 道题的。"

但是整个教室仍然很沉默。教授放下试卷，"这正是我期望得到的结果。"他说，"我只想给你们留下一个深刻的印象，告诉你们，即使你们已经完成了 4 年的工程学习，关于这项科目仍然有很多的东西你们还不知道。这些你们不能回答的问题是与每天的普通生活实践相联系的。"然后他微笑着补充道："你们都会通过这门课程，但是记住——即使你们现在已是大学毕业生了，你们的教育仍然只是刚刚开始。"

这是一次难忘的毕业考试。虽然在时间的流逝中，教授的名字已经渐渐被人们淡忘，但所有参加那次考试的毕业生都牢牢记住了教授那意味深长的话。

人生每一阶段的结束都意味着下一阶段的开始，在人生每个阶段总有无数的东西要我们去学习。学习如此，创新亦如此。一个创新成果的取得，也意味着下一个创新任务的开始。只有放低自己的姿态，才能做到成功不息、创新不止。

有很多学生，包括本科生、硕士生和博士生，都自以为是天之骄子，理所应当拥有一个锦绣前程。以为进了大学，拥有了专业知识，就能够为社会、为自己创造相应的价值。毕业后，他们以一种高姿态走进社会。但残酷的现实环境明确地告诉他们，学校里所学的专业文化知识不足以让他们在如今激烈的市场竞争状态下顺利地生存与发展。有许许多多毕业生进入社会以后，很难认清自我，很难找到相应的位置，很难在一个岗位上较长期地发展，更别提在工作中有所创新、有所成就了。

这些都值得我们深思。一个人在社会当中的生存与发展，到底靠的是什么？难道就是学校里所学的专业知识吗？当然不是！如果我们想很好地在社会上生存，仅凭薄弱的课本知识是不够的。对我们来讲，走进社会后最重要的就是要放低自己的位置，用归零心态去面对社会与工作，这样才能取得更大的成就。如果想在生活、工作中有所创新，那么我们更应该放低自己的心态，不断学习创新的知识，不断学习创新的方法，不断积累创新的智慧。只有这样，我们得到的创新成果才会更多。

其实，不仅仅是大学毕业等于零，人生处处可为零。一个新的工作，一个新的领域，都需要我们抱着一颗归零心态，努力学习新的知识。这样我们才能够不被时代抛弃，不断走向人生的前方。

虚心用知识打造自己

许多人以为，学习知识只是青少年时代的事情，自己已经是成年人，并且早已走上社会了，因而没有必要进行学习。这种看法乍一看似乎很有道理，其实是不对的。在学校里自然要学习，难道走出校门就不必再学了吗？在学校里学的那些东西就已经够用了吗？其实，学校里学的知识十分有限，工作中、生活中需要的相当多的知识和技能是课本上所没有的，老师也没有教给我们。而且想在工作或生活中创新需要具备的东西还很多，这些东西完全要靠我们在实践中边摸索边学习。

在知识经济迅猛发展的今天，我们赖以生存的知识、技能时刻都在折旧。在风云变幻的职场中，脚步迟缓的人瞬间就会被甩到后面。根据剑桥大学的一项调查，现在半数的劳工技能在 1~5 年内会变得一无所用，而以前这些技能的淘汰期是 7~14 年，特别是在工程界，毕业后所学的知识还能派上用场的不足 1/4。

近 10 年来，人类的知识大约是以每 3 年增加 1 倍的速度向上提升。知识总量在以爆炸式的速度急剧增长，知识就像产品一样频繁更新换代，使企业持续运行的期限和生命周期受到最严厉的挑战。据初步统计，世界上 IT 企业的平均寿命大约为 5 年，尤其是那些业务量快速增加和急功近利的企业，如果只顾及眼前的利益，不注意员工的培训学习和知识更新，就会导致整个企业机制和功能老化，成立两三年就"关门大吉"！现代社会越来越明确地告诉我们：培训和学习是我们强化"内功"和发展的主要原动力。只有通过有目的、有计划地培养自己的学习和知识更新能力，不断调整我们的知识结构，我们才能应付这样的挑战，才能开拓自己的创新之路。

因此，虚心用知识打造自己已变成必要的选择，虚心求学才是百战百胜的利器。

在社会上奋斗的人的学习必须以积极主动为主，要想在当今竞争激烈的商业环境中生存，要想成为创新型人才并在社会中脱颖而出，我们就必须学会从工作中吸取经验、探寻智慧以及了解有助于提升效率的资讯。

彼得·唐宁斯曾是美国 ABC 晚间新闻的当红主播，他虽然连大学都没有毕业，但是他把事业作为他的教育课堂。在当了 3 年主播后，他毅然决定辞去人人艳羡的职位，到新闻第一线去磨炼，干起记者的工作。他在美国国内报道了许多不同路线的新闻，并且成为美国电视网第一个常驻中东的特派员。后来他搬到伦敦，成为欧洲地区的特派员。经过这些历练后，他重新回到 ABC 主播的位置。此时，他已由一个初出茅庐的年轻小伙子成长为一名成熟稳重而又受大家欢迎的记者。

当今社会，知识、技能的更新越来越快，如果我们不通过学习、培训进行更新，适应性将越来越差，而众多企业又时刻把目光盯向那些掌握新技能、有创新力、能为企业带来经济效益的人，由此，不虚心求学的人将被淘汰。

新世纪的发展已经表明，未来的社会竞争将不只是知识与专业技能的竞争，更是学习能力的竞争。一个人如果善于学习，他的前途就会一片光明。一个良好的企业团队，要求每一个组织成员都是那种迫切要求进步、努力学习新知识而富有创新精神的人。

"活到老，学到老"是我们虚心用知识打造自己的有力武器。这不是一句空口号，而是需要我们认真去执行的。

所以，我们每个人都要做到时时刻刻都在学习。因为只有这样，我们才能跟得上时代的步伐；只有这样，我们才能在这个知识更新速度飞快的社会立足，进行创新活动；也只有这样，我们的创新才是真正的创新，才是高水平的创新。

第**5**章

锻造全面提升
创新力的思维导图

　　质疑思维是成就创新必不可少的一种思维方式。怀疑是创新的开始，疑问是质疑思维的关键。发散思维可以激活思维潜在的创新能量，帮我们创造一个无穷大的空间。逆向思维引导我们从相反的角度思考问题。联想思维是创新的翅膀，使我们的创新意识不断涌现。

　　逻辑思维可以帮助我们透过现象看清本质。善用逻辑思维，我们就可以洞悉创新先机。形象思维是运用直观形象和表象解决问题的思维，有助于提升创新力。侧面思维为我们提供一种旁敲侧击、通过出人意料的侧面来思考和解决问题的方法。简单思维告诉我们不要将简单的事情复杂化，删繁就简才是创新的良方。灵感是我们头脑中普遍存在的现象，它可以催生科学发现和发明。

　　系统思维要求我们在进行创新活动时用系统的眼光来审视复杂的整体，利用前人已有的创新成果进行综合。类比思维是根据两个对象在一系列属性上的相同或相似，由其中一个对象推测另一个对象的思维方法。迂回思维告诉我们，后退是为了更好地前进，直线未必是最短的距离。

第1节 质疑思维：创新源于怀疑

质疑思维是成就创新必不可少的一种思维方式。想对任何事情进行创新，首先就要学会发现问题、提出问题，然后分析问题，最后才能创造性地解决问题。但很多时候不是我们不会创新，而是没找到创新的突破点。怀疑是创新的开始，疑问是质疑思维的关键。用好质疑思维，不但能让我们叩开学习的大门，而且能逐渐培养我们的创新精神和提升我们的创新力。

有怀疑才有新开始

怀疑对于创新来说是一种必不可少的精神。只有敢于怀疑，勇于对现有的状况提出问题，才能为事物的发展进步提供一个突破口，为创新的进行打下思想基础。怀疑是旧理论、旧观念的终结者，有怀疑才有新开始。

下面是几位"杰出人士"的短视笑话。

不管未来的科学如何进步，人类永远也上不了月球。

——李·佛瑞斯特博士（三极管发明者）(1967.2.25)

飞机是有趣的玩具，但没有军事价值。

——费迪南德·福煦（法国陆军元帅、军事战略家、第一次世界大战指挥官）(1911)

任何人都没有理由买台电脑摆在家里。

——肯尼斯·奥尔森（迪吉多电脑公司创办人及前任总裁）(1977)

现在我们觉得以上的武断很可笑，可是当时大多数人都将其奉为真理。

要改变这些错误的观念，就要从怀疑开始。战国时代的大思想家孟子有句名言，叫"尽信书不如无书"，意思是教我们做学问要有一点怀疑的精神，不要盲从或迷信。哥白尼之所以在科学史上做出了伟大的贡献——创立地动学说，就是从怀疑托勒密的天动学说开始的。顾颉刚先生在《怀疑与学问》一文中精辟地论述了治学要有怀疑精神这一论断。因怀疑而思索，因思索而辨别，因辨别而创新。没有怀疑精神就没有创新意识，没有创新意识也就谈不上创新力。人们不会相信一个因循守旧、故步自封的人会有创新力。

古人云："学者先要会疑。""在可疑而不疑者，不曾学；学则须疑。"作为21世纪的人才，我们应该最大限度地锻炼自己，在未知事物面前大胆提出疑问，敢于否定以前过时落后的观点，敢于怀疑现实生活中的异常现象，敢于说出自己的独到见解，这样我们的质疑思维才会得到有效的激发。

琴纳是一位长期生活在英国乡村的医生，对民间的疾苦有着深切的了解。当时，英国的一些地方发生了天花，夺去了许多儿童的生命。琴纳眼看着那些活泼可爱的儿童染上天花，却因没有特效药不治而亡，内心十分痛苦。

有一天，琴纳到一个奶牛场，发现一位挤奶的女工尽管经常护理天花病人，却从没有得过天花。这令琴纳很疑惑，因为天花的传染性很强，究竟是什么原因让挤奶女工得以幸免呢？琴纳隐约感到这其中隐藏着什么。他仔细询问后得知，女工幼时得过从牛身上传染的牛瘟病。这个发现使琴纳联想到：可能感染过牛瘟病的人，对天花具有免疫力。

想到这一点后，琴纳感觉自己已经找到了解决问题的突破口，于是马上采取行动，大胆地试验。他先在一些动物身上种牛痘，效果十分理想。为了让成千上万的儿童不再受天花之灾，他顶住一切压力，在当时仅有一岁半的儿子身上接种了牛痘。接种后，儿子反应正常。但是，为了要证明小孩是否已经产生了免疫力，还要给孩子接种天花病毒，如果孩子身上还没有产生免疫力，那么他的儿子也许就会被天花夺去生命。

为了千千万万的儿童能够健康成长，琴纳豁出去了，把天花病毒接种到自己儿子的身上。结果孩子安然无恙，没有感染上天花。琴纳的实验成功了。从此，接种牛痘防治天花的方法从英国迅速传播到世界各地。

琴纳能够发现防治天花的方法，他的怀疑精神起到了至关重要的作用。如果他当初对挤奶女工没有染上天花这一事件不存任何疑问，不去探究根本性的原因，恐怕天花防治问题的解决不知还要向后推多少年。

一切从怀疑开始，创新也要从怀疑开始。有了怀疑，才有科学的进步；有了怀疑，我们才能突破现状、超越前人；有了怀疑，我们才有创新的动力。只有学会怀疑，我们才能提升创新力。

疑问是质疑思维的关键

提出一个问题远比解决一个问题重要。我们要善于提出疑问，只有先提出疑问，才能进一步寻找解决问题的方法。疑问是质疑思维的关键，疑问是用质疑思维创新的前提。

史坦尼斯洛是一个犹太人，他被法西斯纳粹分子关进了死亡集中营。他目睹了他的家人和朋友在这个集中营里一个个死去，他决定要逃离集中营。

于是他就问其他人："有什么方法可以让我们逃出这个可怕的地方？"

尽管别人的回答总是："别傻了，不可能的。"他却一直在思索这个问题。他问自己："今天，我得怎么做才能平平安安逃出这个鬼地方呢？"他每天都围绕这个问题找方法。

终于，他想到了办法，那就是借助死尸逃走。在他做工的地方就有运尸车，里面有男人、女人的尸体，个个被剥光了衣服。

这时他又问自己："我得如何利用这个机会脱逃呢？"

很快他又找到了答案。在大家收工忙乱之际，他趁机躲在卡车后面，以飞快的速度脱下衣服，赤条条地趴在死尸堆里。他装得跟死人一样，一动也不动。最后，他躲在尸堆里逃出了集中营。

在集中营里丧命的人不计其数，可史坦尼斯洛活下来了。原因有很多，最重要的是他提出了"怎样才能活下来"这个疑问。

我们在赞扬某个人知识丰富的时候，总习惯于说他很有"学问"。"学问"二字，就是既要有"学"，也要有"问"。有学，便是有学识；会问，则说明他能够理清知识的线索，抓住关键，也说明他具有旺盛的求知欲，自然能够促进自己的"学"。可见，"问"是学习过程中一个重要的、必不可少的环节。清代学者陈献总结说："学贵有疑。小疑则小进，大疑则大进。疑者，觉悟之机也。"大科学家爱因斯坦对提问的评价更高："提出一个问题远比解决一个问题更重要。" 如爱因斯坦一样，只有善于提出疑问的人，才能在创新的大道上走得更远。

一个人在孩提时代总保持着对客观世界的好奇心，他们对眼前的所见所闻都会觉得是新鲜的，时时充满着惊奇。于是，好问成了孩子们的天性。年轻人的旺盛的求知欲和好奇心是他们勃勃生命力的表现，是打开知识宝库的金钥匙，也是一个创造型人才必须具备的条件。

如果养成不懂、不会也不问的习惯，就会使自己所学知识的漏洞和薄弱环节日积月累，到了解决问题时往往感觉到困难重重，无从下手。因此，学会对不知的东西"打破砂锅问到底"是一种学习能力，也是一种质疑思维。

疑问是质疑思维的关键，我们要善于培养自己的质疑思维。一个人在工作、学习的过程中能主动提出问题，首先说明他脑子里装着思考、装着知识，同时又不满足于已有的知识，对那些未知的领域时刻保持高度的兴趣与警觉，这些只有具备质疑思维的人才能做到；相反，缺少质疑思维的人，通常提不出自己的问题。因此，学会提问题是培养质疑思维的关键。

不仅是学习过程中要善于提问，搞科学研究也要善于提问，能够提出富有启发性的问题往往意味着发明创造的开始，这是科学研究的规律。一个科学问题的提出体现出发问者运用已懂得的知识，从某个特定或创新的角度上思考对象、探索未知世界的愿望。瓦特发明蒸汽机是从他对蒸汽为什么能顶开壶盖的发问开始的，牛顿的万有引力定律起于他对苹果落地现象的追问。正因为如此，爱因斯坦才会把提问看得比解答更重要。

疑而后问，问而后知。我们要培养质疑思维，就要敢于提出疑问；要培养创新精神，更要学会善于提出疑问。

质疑思维是叩开学习大门的门环

殷商末年，周武王继位后四年，得知商纣王的商军主力远征东夷，朝中空虚，即率兵伐商。周武王率军队进至牧野，爆发了历史上著名的牧野之战。

商纣王惊闻周军来袭，仓促调动少量的防卫兵士，开赴牧野迎战。商军的兵力和周军相比悬殊，但忠于纣王的将士们都决心击退来犯之敌，于是展开了一场异常激烈的殊死搏斗。

后来，《尚书·武成》中说："受（纣王）率其旅如林，会于牧野。罔有敌于我师（没有人愿意和我为敌），前徒倒戈，攻于后以北（向后边的自己人攻击），血流漂杵。"

战国时期的孟子阅读了《尚书·武成》一篇，颇有感慨。他说："尽信书，则不如无书。吾于《武成》取二三策而已矣。仁人无敌于天下。以至仁伐至不仁，而何其血之流杵也？"孟子认为，像周武王这样讲仁道的人，讨伐商纣王这样极为不仁的人，怎么会使血流成河呢？孟子不相信《尚书》中的这个记载才说了这段话，意思是提醒人们，读书时应该加以分析，不能盲目地迷信书本。这也是流传至今"尽信书则不如无书"这句名言的出处。

其实不但读书时要质疑，日常生活要质疑，工作时也要质疑，只有敢于对身边的一切提出质疑，我们才能学到更多的东西。

质疑思维是叩开学习大门的门环，它能帮我们打开智慧的殿堂。求知的欲望是不懈学习、探求的动力，而怀疑思维能引导我们不断获得新知识。

《塔木德》说："好的问题常会引出好的答案。"可见，好的发问和好的答案一样重要。问题要是问得好的话，答案也常常是深刻的。没有质疑思维是不会发问的。思考是由怀疑和答案共同组成的，所以知道如何怀疑的人就是智者，他往往能对这个问题有所创新。

不论对于哪一种现象、哪一种成就都要经过质疑：因质疑而思索，因思索而辨别是非。经过"质疑"、"思索"、"辨别"三步之后，我们对那种现象和成就才有深刻而独到的见解，创新力也由此得到激发和提升。

人没有理由对什么事都确信无疑。质疑一旦开始，就会出现许多的疑点，循着质疑的线索去探索追寻，就可以得到正确的答案。

但过分的思考对自己并没有什么好处。犹豫不决是非常危险的，人们必须在最适当的时候果断抉择，否则就会与成功失之交臂。只有适时大胆地行动，才会走向胜利。

人不能为了学习而学习。学习是为了丰富自己的知识，使自己各方面的能力不断得到提高。在这个世界上，绝对不会重复出现相同的事情。因此，当面临一种新的状况时，谁也不能把以前所学的东西原封不动地运用上去。学习到的东西能给人以知性的感觉，而为了锤炼知性就必须学习，使知性更加敏锐。敏锐的知性可以让我们抓住瞬间的机会，预见未来的趋势，洞悉细微处的微妙变化，把握宏观而抽象无形的东西。只有这种学习才可以培养我们用知识打造的创新力。

学习一定要学到学识渊博，融会贯通，而唯有质疑和思考才能做到这一点。

只有常常怀疑、常常发问的脑筋才会有想法，有想法才想求解答。在不断的发问和求解中，创新力就会得到进一步的提升。

第2节 发散思维：
一种由此及彼的创新

发散思维可以激发思维潜在的创新能量。发散思维告诉我们，曲别针远远不止一种用途，世上也永远没有最标准的答案。发散思维能为我们的思维空间找到一个特殊点，从而帮我们创造一个无穷大的空间，能让我们的思维无拘无束、任意驰骋。通过思维的发散，我们就能打破原有的思维格局，提供新的结构、新的点子、新的思路、新的发现、新的创造，从而实现创新。

曲别针到底有多少种用途

发散性思维是指围绕一个中心问题多方面进行思考和联想，以探求问题答案的思维方式。

"多"是发散性思维的最大特点：多角度、多层次、多思路、多途径……然后从中选择最好的方法，求得最佳的答案，这种答案往往具有很大的创造性。

例如问一枚曲别针究竟有多少种用途？你能说出几种？十几种？几十种？几百种？

也许你会说一枚曲别针不可能有如此多的用途，那么这只能说明你的思维不够开阔、不够发散。

下面这个关于曲别针的故事告诉你的不只是曲别针的用途，也不只是一种思维方法，而是一种创新方式。

在一次有许多中外学者参加的如何开发创造力的研讨会上，日本一位创造力研究专家村上幸雄应邀出席。

面对这些创造性思维能力很强的学者同仁，风度翩翩的村上幸雄先生捧来一把曲别针（回形针），说道："请诸位朋友动一动脑筋，打破框框，看谁能说出这些曲别针的更多种用途，看谁创造性思维开发得好、多而奇特！"

片刻，一些代表踊跃回答：

"曲别针可以别相片，可以用来夹稿件、讲义。"

"纽扣掉了，可以用曲别针临时钩起……"

大家七嘴八舌，大约说了十多种，其中较奇特的是把曲别针磨成鱼钩，引来一阵笑声。

村上对大家在不长时间内讲出十多种曲别针用途，很是称道。

人们问："村上先生，您能讲多少种？"

村上一笑，伸出 3 个指头。

"30 种？"村上摇头。

"300 种？"村上点头。

人们惊异，不由得佩服他聪慧、敏捷的思维。但也有人怀疑。

村上紧了紧领带，扫视了一眼台下那些透着不信任的眼睛，用幻灯片映出了曲别针的用途……这时只见中国的一位以"思维魔王"著称的怪才许国泰先生向台上递了一张纸条："对于曲别针的用途，我能说出 3000 种，甚至 30000 种！"邻座对他侧目："吹牛不上税，真狂！"

第二天上午 11 点，他"揭榜应战"，走上了讲台。他拿着一支粉笔，在黑板上写了一行字：村上幸雄曲别针用途求解。原先不以为然的听众一下子被吸引过来了。

"昨天，大家和村上讲的用途可用 4 个字概括，这就是钩、挂、别、联。要启发思路，使思维突破这种格局，最好的办法是借助于简单的形式思维工具——信息标与信息反应场。"

他把曲别针的总体信息分解成重量、体积、长度、截面、弹性、直线、银白色等 10 多个要素，并把这些要素用标线连接起来，形成一根信息标。然后，他对与曲别针有关的人类实践活动要素进行分析，连成信息标，最后形成信息反应场。他从容地将信息反应场的坐标不停地组切交合。

通过两轴推出一系列曲别针在数学中的用途，如用曲别针分别做成 1、2、3、4、5、6、7、8、9、0，再做成 ＋－×÷ 符号，用来进行四则运算，运算出数量，就有 1000 万、10000 万……在音乐上可用曲别针创作曲谱；

曲别针还可做成英、俄、希腊等外文字母，用来进行拼读；另外，曲别针可以与硫酸反应生成氢气；可以用曲别针做指南针；可以把曲别针串起来导电；曲别针是铁元素构成的，铁与铜化合是青铜，铁与不同比例的几十种金属元素分别化合，生成的化合物则是成千上万种……实际上，曲别针的用途几乎近于无穷！他在台上讲着，台下一片寂静，与会的人们被"思维魔王"深深地吸引着。

许国泰先生运用的方法就是发散思维法。

发散思维的概念是美国心理学家吉尔福特 1950 年在以"创造力"为题的演讲中首先提出的，半个多世纪以来引起了普遍重视，促进了创造性思维的研究工作。发散思维又称求异思维、扩散思维、辐射思维等，它是一种从不同的方向、不同的途径和不同的角度去设想的展开型思考方法，是从同一来源材料、一个思维出发点探求多种不同答案的思维过程。它能使人产生大量的创造性设想，摆脱习惯性思维的束缚，使人的思维趋于灵活多样。

发散思维要求人们的思维向四方扩散，无拘无束，海阔天空，甚至异想天开。通过思维的发散，要求打破原有的思维格局，提供新的结构、新的点子、新的思路、新的发现、新的创造，提供一切新的东西，特别是对于创造者可提供一种全新的思考方式，所以发散思维也是一种创新思维。

许多发明创造者都是借助发散思维获得成功的。可以说多数科学家、思想家和艺术家的一生都十分注意运用发散思维进行思考。具有发散思维的人，在观察一个事物时，往往通过联想与想象将思路扩展开来，而不仅仅局限于事物本身，这样的人也就常常能够发现别人发现不了的事物与规律，从而实现创新。

永远没有最标准的答案

十几年的学校教育一直在告诉我们，任何题目都会有一个最标准的答案，甚至连作文也可以找到标准的范文。于是，我们在找到那个答案以后便心满意足，不再考虑其他可能性。这样，我们的思维就在很大程度上受到了限制。

曾有这样一则故事：一位老师要为一个学生答的一道物理题打零分，

而他的学生则声称他应得满分。双方争执不下，便请校长来做仲裁人。

试题是："试证明怎么能够利用一个气压计测定一栋楼的高度。"

学生的答案是："把气压计拿到高楼顶部，用一根长绳子系住气压计，然后把气压计从楼顶向楼下坠，直到坠到街面为止。然后把气压计拉上楼顶，测量绳子放下的长度，这长度即为楼的高度。"

这是一个有趣的答案，但是学生应该获得称赞吗？校长知道，这个学生应该得到高度评价，因为他的答案完全正确。但另一方面，如果高度评价这个学生，就可以为他的物理课程的考试打高分；而高分就证明这个学生知道一些物理知识，但他的回答又不能证明这一点……

校长让这个学生用 6 分钟回答同一个问题，但必须在回答中表现出他懂一些物理知识……在最后一分钟里，他赶忙写出他的答案：把气压计拿到楼顶，让它斜靠在屋顶边缘，让气压计从屋顶落下，用秒表记下它落下的时间，然后用落下时间中经过的距离等于重力加速度乘以下落时间平方的一半算出建筑高度。

看了这个答案之后，校长问那位老师是否让步。老师让步了，于是校长给了这个学生几乎是最高的评价。正当校长准备离开办公室时，那位学生说他还有另一个答案，于是校长问他是什么样的答案。学生回答说："啊！利用气压计测出一个建筑物的高度有许多办法，例如，你可以在有太阳的日子记下楼顶上气压表的高度及影子的长度，再测出建筑物影子的长度，就可以利用简单的比例关系，算出建筑物的高度。"

"很好，"校长说，"还有什么答案？"

"有啊，"那个学生说，"还有一个你会喜欢的最基本的测量方法。你拿上气压表从一楼登梯而上，当你登梯时，用符号标出气压表上的水银高度，这样你可利用气压表的单位得到这栋楼的高度。这个办法最直接。"

"当然，如果你还想得到更精确的答案，你可以用一根弦的一段系住气压表，让它像一个摆那样摆动，然后测出街面和楼顶的 g 值。两个 g 值之差在原则上就可以算出楼顶高度。"

最后他又说："如果不限制我用物理方法回答这个问题，还有许多其他方法。例如，你拿上气压表走到楼底层，敲管理员的门。当管理员应声时，你对他说下面一句话：'亲爱的管理员先生，我有一个很漂亮的气压表。如果您告诉我这栋楼的高度，我就将我的这个气压表送给您……'"

读完这个故事，我们被这个学生的智慧折服了。再静下来想一想，又会感叹："为什么人们觉得题目总会有一个最标准的答案呢？"

几乎从启蒙那天开始，社会、家庭和学校便开始向我们灌输这样的思想：每个问题只有一个最标准的答案，不要标新立异，这是规矩，那是白日做梦，等等。

当然，就做人的行为准则而言，遵循一定的道德规范是对的，正所谓没有规矩，不成方圆。然而，对于思维方法的培养和创新力的提升，制定唯一的准则这一做法是万万要不得的。

如果对思维进行约束，那么我们只能看到事物或现象的一个或少数几个方面。在思考问题时，如果我们认为找到一个答案就万事大吉了，不愿意或根本想不到去寻找第二种，乃至更多的解决方案，那么就难以产生创新的想法。

有人曾对一群学生做过一个测试，请他们在 5 分钟之内说出红砖的用途，他们的回答是："盖房子、建教室、修烟囱、铺路面、盖仓库……"

尽管他们说出了砖头的多种用途，但始终没有离开"建筑材料"这一大类。

其实，我们只需从多个角度来考察红砖，便会发现如压纸、砸钉子、打狗、支书架、锻炼身体、垫桌脚、画线、做红标志，甚至磨红粉等诸多其他用途。这种从多个角度观察同一问题的做法所体现的就是发散思维的运用，就是一种创新的思维方法。

为你的思维空间找一个特殊点

擅长发散思维的人往往会撇开众人常用的思路，尝试多种角度的考虑方式，从他人意想不到的"点"去开辟问题的新解法，从而实现创新。所以，在进行发散性的思维训练时，其首要因素便是要找到事物的这个"点"进行扩散。

下面这个故事就是一个巧用特殊"点"的例子。

华若德克是美国实业界的大人物。在他未成名之前，有一次，他带领属下参加在休斯敦举行的美国商品展销会。令他十分懊丧的是，他被分配到一个极为偏僻的角落，而这个角落是绝少有人光顾的。

　　为他设计摊位布置的装饰工程师劝他干脆放弃这个摊位，因为在这种恶劣的地理条件下，想要成功展览几乎是不可能的。

　　华若德克沉思良久，觉得自己若放弃这一机会实在是太可惜了。可不可以将这个不好的地理位置通过某种方式化解，使之变成整个展销会的焦点呢？

　　他想到了自己创业的艰辛，想到了自己受到的展销大会组委会的排斥和冷眼，想到了摊位的偏僻。突然他的心里涌现出偏远非洲的景象，觉得自己就像非洲人一样受着不应有的歧视。他走到了自己的摊位前，心中充满感慨。突然，他灵机一动：既然你们都把我看成非洲难民，那我就扮一回非洲难民给你们看！于是一个计划应运而生。

　　华若德克让设计师为他营造了一种古阿拉伯宫殿式的氛围，围绕着摊位布满了具有浓郁非洲风情的装饰物，把摊位前的那一条荒凉的大路变成了黄澄澄的沙漠。他安排雇来的人穿上非洲人的服装，并且特地雇用动物园的双峰骆驼来运输货物。此外，他还派人定做了大批气球，准备在展销会上用。

　　展销会开幕那天，华若德克挥了挥手，顿时展览厅里升起无数的彩色气球。气球升空不久便自行爆炸，落下无数的胶片，上面写着："当你拾起这小小的胶片时，亲爱的女士和先生，你的好运就开始了，我们衷心祝贺你。请到华若德克的摊位，接受来自遥远非洲的礼物。"

　　这无数的碎片洒落在热闹的人群中，于是一传十，十传百。消息越传越广，人们纷纷集聚到这个本来无人问津的摊位前。强烈的人气给华若德克带来了非常可观的生意和潜在机会，而那些黄金地段的摊位反而遭到了人们的冷落。

　　华若德克为自己找到了一个特殊的"点"，那就是将自己的特殊位置加以利用，赋予新的定位与含义，达到吸引顾客的目的。

　　发散思维是有独创性的，它表现在思维发生时的某些独到见解与方法。也就是说，它会让我们对刺激做出非同寻常的反应，且具有标新立异的成分。

　　比如设计鞋子，常规的设计思路是从鞋子的款式、用料着手，进行各种变化，但万变不离其宗。运用发散思维，则可以从鞋子的功能这一特殊的"点"入手。那么鞋有哪些功能呢？

　　鞋可以"吃"。当然不是用嘴吃，而是用脚吃。即可以在鞋内加入药物，治疗各种疾病。按此思路下去，可开发出多种预防、治疗疾病的鞋子。

鞋可以"说话"。设计一种走路的时候会响起音乐的鞋子，一定会受到小孩子的欢迎。

鞋可以"扫地"。设计一种带静电的鞋子，在家里走路的时候，可以把尘土吸到鞋底上，使房间越来越干净。

鞋还可以"指示方向"。在鞋子中安装指南针，调到所选择的方向，当方向发生偏离时便会发出警报。这对野外考察探险的人来说，是很有用处的。

这就是通过鞋子的功能这个"点"挖掘出来的潜在创意。生活中，需要我们细心地观察，找出这个特殊的"点"，由此展开，便可以收到意想不到的效果。

美国推销奇才吉诺·鲍洛奇的一段经历也向我们证明了这一理念。

一次，一家贮藏水果的冷冻厂起火。等到人们把大火扑灭，才发现有18箱香蕉被火烤得有点发黄，皮上还沾满了小黑点。水果店老板便把香蕉交到鲍洛奇的手中，让他降价出售。那时，鲍洛奇的水果摊设在杜鲁茨城最繁华的街道上。

一开始，无论鲍洛奇怎样解释，都没人理会这些"丑陋的家伙"。无奈之下，鲍洛奇开始认真、仔细地检查那些变色香蕉，发现它们不但一点没有变质，而且由于烟熏火烤，吃起来反而别有风味。

第二天，鲍洛奇一大早便开始叫卖："最新进口的阿根廷香蕉，南美风味，全城独此一家，大家快来买呀！"当摊前围拢的一大堆人都举棋不定时，鲍洛奇注意到一位年轻的小姐有点心动了。他立刻殷勤地将一只剥了皮的香蕉送到她手上，说："小姐，请你尝尝，我敢保证，你从来没有尝过这样美味的香蕉。"年轻的小姐一尝，香蕉的风味果然独特，价钱也不贵，而且鲍洛奇还一边卖一边不停地说："只有这几箱了。"于是，人们纷纷购买，18箱香蕉很快销售一空。

我们可以看出，发散思维有着巨大的潜在创新能量。它通过搜索所有的可能性，激发出一个全新的创意。这个创意重在突破常规，它不怕奇思妙想，也不怕荒诞不经。沿着可能存在的"点"尽量向外延伸，或许一些由常规思路出发根本办不成的事，会柳暗花明、豁然开朗。在平日的生活中，如果你多发挥思维的能动性，让它带着你在思维的广阔天地任意驰骋，你就会看到平日见不到的美妙风景。

发散思维帮你创造无穷大的空间

发散思维的要旨就是要让我们学会朝四面八方联想，就像旋转喷头一样，朝各个方向进行立体式的发散思考。它帮我们打开了一个创意的空间：只要我们找到一个点，穿过这个点的思维直线就可以有无穷多条，我们的思维空间就可以无穷大。

我们可以把这个点当作一个辐射源。那么，怎样从一个辐射源出发向四面八方扩散呢？下面有几种方法：

（1）结构发散，是以某种事物的结构为发散点，朝四面八方想，以此设想出利用该结构的各种可能性。

（2）功能发散，是以某种事物的功能为发散点，朝四面八方想，以此设想出获得该功能的各种可能性。

（3）形态发散，是以事物的形态（如颜色、形状、声音、味道、明暗等）为发散点，朝四面八方想，以此设想出利用某种形态的各种可能性。

（4）组合发散，是从某一事物出发，朝四面八方想，以此尽可能多地设想与另一事物（或一些事情）联结成具有新价值（或附加价值）的新事物的各种可能性。

（5）方法发散，是以人们解决问题的结果作为发散点，朝四面八方想，推测造成此结果的各种原因；或以某个事物发展的起因为发散点，朝四面八方想，以此推测可能发生的各种结果。

善于运用发散思维的人，常常具有别人难以比拟的"非常规"想法，能取得非同一般的解决问题的效果。这种人也往往具有别人难以企及的创新力。在生产、生活中，我们可以利用这种思维法来进行发散性的创造。若以一个产品为核心，可以发掘它的各种不同的功能，开发出各种各样的新产品，这种产品开发的空间可以无穷大。如围绕电熨斗这个产品，开发出透明蒸气电熨斗、自动关熄熨斗、自动除垢熨斗、电脑装置熨斗，等等。这些产品满足了生活中不同人群的不同需求。

下面这个故事也是围绕产品开发进行发散思维的一个典型例子，从中我们可以体会到发散思维法的应用价值。

1956 年，松下电器公司与日本另一家电器制造厂合资，设立了大孤电器公司，专门制造电风扇。当时，松下幸之助委任松下电器公司的西田千秋为总经理，自己则担任顾问。

这家公司的前身是专做电风扇的，后来又开发了民用排风扇。但即使如此，产品还是显得比较单一。西田千秋准备开发新的产品，试着探询松下的意见。松下对他说："只做风的生意就可以了。"当时松下的想法是想让松下电器的附属公司尽可能专业化，以期有所突破。可是松下电器的电风扇制造已经做得相当卓越，完全有实力开发新的领域，而松下给西田的却是否定的回答。

然而，聪明的西田并未因松下这样的回答而灰心丧气。他的思维极其灵活而机敏，他紧盯住松下问道："只要是与风有关的任何产品都可以做吗？"

松下并未仔细品味此话的真正意思，但西田所问的与自己的指示很吻合，所以他毫不犹豫地回答说："当然可以了。"

5 年之后，松下又到这家工厂视察，看到厂里正在生产暖风机，便问西田："这是电风扇吗？"

西田说："不是，但是它和风有关。电风扇是冷风，这个是暖风。你说过要我们做'风'的生意，难道不是吗？"

后来，西田千秋一手操办的松下精工的"风家族"已经非常丰富了。除了电风扇、排风扇、暖风机、鼓风机之外，还有果园和茶园的防霜用换气扇、培养香菇用的调温换气扇、家禽养殖业的棚舍调温系统等。

松下的一句"只做风的生意就可以了"被西田千秋用发散思维发挥到了极致，围绕风开发出了许许多多适合不同市场的优质产品，为松下公司创造了一个又一个的辉煌。这也体现了发散思维的神奇魅力。

依靠发散性思维进行发散性的创造，为我们提供了一种发明创造的新模式。思维发散的过程同时也是创意发散的过程。围绕一个中心将思维无限扩展，最终就可产生多种创造成果，为我们的发展提供无穷大的空间。

第3节 逆向思维：
反向思考就是一种创新

很多时候，你遇到的问题非常棘手，从正面或侧面根本没法解决，这个时候，如果你试着倒过来想一想，运用逆向思维，"反其道而行之"，用"缺点"种花，改变问题本身，从相反的角度去思考问题，或许就会豁然开朗。用好逆向思维，我们就可以在"反向思考"中大大提升我们的创新力。

逆向思维是一种重要的创新能力

逆向思维又称反向思维，是指为实现某一创新或解决某一用常规思路难以解决的问题，而采用反向思维寻求解决问题的方法。逆向思维最有魅力的地方，就是对某些事物或东西从反面进行利用。逆向思维是一种重要的创新能力。

南唐后主李煜派博学善辩的徐铉到大宋进贡。按照惯例，大宋朝廷要派一名官员与徐铉一起入朝。朝中大臣都认为自己辞令比不上徐铉，谁都不敢应战，最后反映到宋太祖那里。

太祖的做法大大出乎众人的意料，他命人找了10名不识字的侍卫，把他们的名字写上送进宫，然后用笔随便圈了个名字，说："这人可以。"在场的人都很吃惊，但也不敢提出异议，只好让这个还未明白是怎么回事的侍卫前去应付。

徐铉见了侍卫，滔滔不绝地讲了起来，侍卫根本搭不上话，只好连连点头。徐铉见来人只知点头，猜不出他到底有多大能耐，只好硬着头皮讲。一连几天，侍卫还是不说话，徐铉也讲累了，于是也不再吭声。

这就是历史上有名的宋太祖以愚困智解难题之举。

以愚困智，只因智之长处根本无法发挥，这实际上是一种"化废为宝"的逆向思维方式。在经营或者进行技术发明的时候，逆向思维同样具有很大的创新性。

1820 年，丹麦哥本哈根大学物理教授奥斯特，通过多次实验证实存在电流的磁效应。这一发现传到欧洲大陆后，吸引了许多人参加电磁学的研究。英国物理学家法拉第怀着极大的兴趣重复了奥斯特的实验。果然，只要导线通上电流，导线附近的磁针立即会发生偏转，法拉第深深地被这种奇异现象所吸引。当时，德国古典哲学中的辩证思想已传入英国。法拉第受其影响，认为电和磁之间必然存在联系并且能相互转化。他想既然电能产生磁场，那么磁场也能产生电。

为了使这种设想能够实现，他从 1821 年开始做磁产生电的实验。几次实验都失败了。但他坚信，从反向思考问题的方法是正确的，并继续坚持这一思维方式。

10 年后，法拉第设计了一种新的实验。他把一块条形磁铁插入一只缠着导线的空心圆筒里，结果导线两端连接的电流计上的指针发生了微弱的转动，电流产生了！随后，他又完成了各种各样的实验，如两个线圈相对运动，磁作用力的变化同样也能产生电流。

法拉第 10 年不懈的努力并没有白费，1831 年他提出了著名的电磁感应定律，并根据这一定律发明了世界上第一台发电装置。

如今，他的定律正深刻地改变着我们的生活。

法拉第成功地发现电磁感应定律，是运用逆向思维方法的一次重大胜利。

传统观念和思维习惯常常阻碍着人们的创造性思维活动的展开。逆向思维就是要冲破框框，从现有的思路返回，从与它相反的方向寻找解决难题的办法。常见的方法是就事物的结果倒过来思考，就事物的某个条件倒过来思考，就事物所处的位置倒过来思考，就事物起作用的过程或方式倒过来思考。逆向思维是一种重要的创新能力，它对于全面人才的创造能力及解决问题能力的培养具有相当重要的意义。

何不尝试"反其道而行之"

当你面对一个史无前例的问题，沿着某一固定方向思考而不得其解时，灵活地调整一下思维的方向，从不同角度展开思考，甚至把事情整个反过来想一下，说不定就能够反中求胜，捧得创新的果实。

宋神宗熙宁年间，越州（今浙江绍兴）闹蝗灾。成片的蝗虫像乌云一样，遮天蔽日。所到之处，禾苗全无、树木无叶，一片肃杀景象。当然，这年越州的庄稼颗粒无收。

当时，新到任的越州知州赵抃，就面临着整治蝗灾的艰巨任务。越州不乏大户之家，他们有积年存粮。老百姓在青黄不接时，大都过着半饥半饱的日子，而一旦遭灾，便缺大半年的口粮。灾荒之年，粮食比金银还贵重，哪家不想存粮活命？一时间，越州米价飞涨。

面对此种情景，僚属们都沉不住气了，纷纷来找赵抃，求他拿出办法来。借此机会，赵抃召集僚属们商议救灾对策。

大家议论纷纷，但有一条是肯定的，就是依照惯例，由官府出告示压制米价，以救百姓之命。僚属们七嘴八舌，说附近某州某县已经出告示压制米价了，我们倘若还不行动，米价天天上涨，老百姓将不堪其苦，甚至会起事造反的。

赵抃听了大家的讨论后，沉吟良久，才不紧不慢地说："今次救灾，我想反其道而行之，不出告示压制米价，而出告示宣布米价可自由上涨。""啊？"众僚属一听都目瞪口呆，先是怀疑知州大人在开玩笑，而后看知州大人蛮认真的样子，又怀疑这位大人是否吃错了药，在胡言乱语。赵抃见大家不理解，笑了笑，胸有成竹地说："就这么办，起草文书吧！"

官令如山倒，大人说怎么办就怎么办。不过，大家心里都直犯嘀咕：这次救灾肯定会失败，越州将饿殍遍野，越州百姓要遭殃了！这时，附近州县纷纷贴出告示，严禁私增米价。若有违犯者，一经查出，严惩不贷；揭发检举私增米价者，官府予以奖励。而越州则贴出不限米价的告示，于是，四面八方的米商纷纷闻讯而至。头几天，米价确实增了不少，但买米者看到米上市的太多，都观望不买。然而过了几天，米价开始下跌，并且一天比一天跌得快。米商们想不卖再运回去，但一则运费太贵，增加成本，二则别处又限米价，于是只好忍痛降价出售。这样一来，越州的米价虽然比别的州县略高点，但百姓有钱可买到米；而别的州县米价虽然压下来了，但百姓排半天队，却很难买到米。所以，这次大灾，越州饿死的人最少，受到朝廷的嘉奖。

僚属们这才佩服了赵抃的计谋，纷纷来请教其中原因。赵抃说："市场之常性，物多则贱，物少则贵。我们这样一反常态，告示米商们可随意加价，米商们就会都蜂拥而来。吃米的还是那么多人，米价怎能涨上去呢？"原来奥妙在于此。

很多时候，只从一个角度想问题很可能会进入思维的死胡同，因为事实也许存在完全相反的可能。当问题实在很棘手，从正面无法解决时，假如探寻逆向可能，反其道而行，说不定会有出乎意料的结果。

有一家旅馆的经理，对旅馆内的一些物品经常被住宿的旅客顺手牵羊的事情感到头疼，却一直拿不出很有效的对策来。

他嘱咐属下在客人到柜台结账时，要迅速派人去房内查看是否有什么东西不见了。结果客人都在柜台等待，直到房务部人员查清楚之后才能结账，不但结账太慢，而且觉得面子挂不住，下一次再也不住这个饭店了。

旅馆经理觉得这样下去不是办法，于是召集了各部门主管，想找到更好的法子，制止旅客顺手牵羊的行为。

几个主管围坐在一起冥思苦想了一番。一位年轻主管忽然说："既然旅客喜欢，为什么不让他们带走呢？"

旅馆经理一听瞪大了眼睛，这是哪门子的馊主意？

年轻主管急忙挥挥手表示还有下文，他说："既然顾客喜欢，我们就在每件东西上标上价格，说不定还可以有额外收入呢！"

大家眼睛都亮了起来，兴奋地按计划进行。

有些旅客喜欢顺手牵羊，并非蓄意偷窃，而是因为很喜欢房内的物品，下意识觉得既然付了这么贵的房租，为什么不能取回家做纪念品，而且又没明确规定哪些不能拿，于是，就故意装糊涂拿走一些小东西。

针对这一点，这家旅馆给每样东西都标上了标价，说明客人如果喜欢，可以向柜台登记购买。这家旅馆内忽然多出了好多东西，像墙上的画、手工艺品、有当地特色的小摆饰、漂亮的桌布，甚至柔软的枕头、床罩、椅子等用品都有标价。如此一来，旅馆里里外外都布置得美轮美奂，给客人们的印象好极了。

这家旅馆的生意竟然越来越好了！

逆向思考要求我们深入考查问题，发现问题的根源所在。在平时的工作和学习中，我们不要让自己陷入思维的死胡同，要懂得适时反转自己的大脑，运用逆向思维使问题获得创造性地解决。

思维逆转本身就是一种创新灵感的源泉。遇到问题，我们不妨多想一下，能否朝反方向考虑一下解决的办法。反其道而行是人生的一种大智慧。当别人都在努力向前时，你不妨倒回去，做一条反向游泳的鱼，去寻找属于自己的创新路径。

学会用"缺点"种花

用"缺点"种花是一种缺点逆用思维法，是一种利用事物的缺点，将缺点变为可利用的东西，化被动为主动、化不利为有利的创新思维方法。

美国的"饭桶演唱队"就是运用缺点逆用思维法，"炒作"自己的缺点，从而一举成名的。

"饭桶演唱队"的前身是"3人迪斯科演唱队"，由3名肥胖得出奇的小伙子组成，演唱的题材大多是关于食品、吃喝和胖子等的笑料，很受市民欢迎。有一次在欧洲演出，有家旅店的经理见他们个个又肥又胖，穿上又宽又大的演出服，简直与3只大桶一般，于是嘲笑他们，建议他们创作一首"饭桶歌"唱唱，说这会相得益彰。经理本是奚落嘲弄，3个胖小伙也着实又恼又怒，但恼怒之后便兴高采烈了。对！肥胖就肥胖，干脆将"3人迪斯科演唱队"改为3人"饭桶演唱队"，而且即兴创作了《饭桶歌》。这首歌他们第一天演唱便赢得了观众如雷的掌声。3人录制的《3个大饭桶》唱片一上市便销售10万张，几天即被抢购一空。

从这个故事可以看出，缺点固然有其不足的一面，但发现缺点、认定缺点、剖析缺点并积极地寻求克服或者利用的方法，往往能创造一个契机，找到一个出发点。俗话说得好，"有一弊必有一利"，利弊关系的这种统一属性正是新事物不断产生的理论和实践基础。把缺点藏起来，它永远只是缺点，但是如果你尝试把"缺点"种下去，说不定它会开出美丽娇艳的花朵。

法国有一名商人在航海时发现，海员十分珍惜随船携带的淡水，自然知道了浩渺无垠的辽阔大海尽管气象万千，但海水却可望而不可喝。应当说，这是海水的缺点，几乎所有的人都了解这一点。商人却认真地注意起大海的这个缺点来，它咸，它苦，与清甜的山泉相比，简直不能相提并论，但是难道它当真只能被人们所厌恶？如果将苦咸的海水当作辽阔而深沉的大海奉献给从未见过大海的人们，又会怎样呢？于是他用精巧的器皿盛满海水，作为"大海"出售，而且在说明书中宣称：烹调美味佳肴时，滴几滴海水进去，美食将更添特殊风味。结果反响是异乎寻常的强烈，家庭主妇们将"大海"买去，尽情观赏之后，让它一点一滴地走上餐桌，并为此乐不可支。

这种在缺点上做文章、由缺点激发创意的方法越来越广泛地被应用，取得了较好的创新结果。在运用此方法时，我们应注意对缺点保持一种积极审慎的态度，还可以尝试使事物的缺点更加明显，也许会收到出奇制胜的创新效果。

有个纺纱厂因设备老化造成织出的纱线粗细不均，眼看就要产生一批残品使工厂遭受到重大的损失，老板很是头痛。

这时，一位职员提出，不如"将错就错"，将纱线制成衣服。因为纱线有粗有细，衣服的纹路也不同寻常，也许会受到消费者的欢迎。

老板觉得有道理，便听从了职员的建议。果然，用这种纱线制成的衣服具有古朴的风格，相当有个性，很受大众的欢迎，推出不久便销售一空。就这样，原本会赔本的"残品"却卖出了好价钱，获得了更多的利润。

其实，任何事物都没有绝对的好与坏，从一个角度看是缺点，换一个角度看也许就变成了优点。对"缺点"加以合理利用，就可以收到化不利为有利的效果。

改变问题本身就是一种有效的解决办法

一件事情如果找不到解决的办法怎么办？一般的人也许会告诉你："那只能放弃了。"但善于运用逆向思维的杰出人士会这样说："找不到办法，那就改变问题！"可以说，改变问题本身就是一种十分有效的解决办法。

某楼房自出租后，房主不断地接到房客的投诉。房客说，电梯上下速度太慢，等待时间太长，要求房主迅速更换电梯，否则他们将搬走。

已经装修一新的楼房，如果再更换电梯，成本显然太高；如果不换，万一房子租不出去，损失将更为惨重。

房主想出了一个好办法。

几天后，房主并没有更换电梯，但是有关电梯的投诉再也没有接到过，剩下的空房子也很快租出去了。

为什么呢？原来，房主在每一层电梯间外的墙上都安装了很大的穿衣镜，大家的注意力都集中到自己的仪表上，自然感觉不出电梯的上下速度是快还是慢了。

更换电梯显然不是最佳的解决方案，但问题该怎么解决呢？房主运用逆向思维改变了问题，将视角从"换不换电梯"这一问题转换到了"该如何让房客不再觉得电梯慢"。问题变了，方案也就产生了：转移大家的注意力。这真是一种奇妙的创新思维法。

无论你做了多少研究和准备，有时事情就是不能如你所愿。如果你尽了一切努力，还是找不到一种有效的解决办法，那就试着改变这个问题吧！

彼得·蒂尔在离开华尔街重返硅谷的时候学到了这一课。

当时，互联网正飞速发展，无线行业也即将蓬勃发展。于是，彼得与马克斯·莱夫钦一起创办了一家叫 Field Link 的新公司。

这两位创业者相信，无线设备加密技术会是一个成长型市场。但是，他们很快就碰到了问题，最大的障碍是无线运营商的抵制。尽管运营商知道移动设备加密的必要性，但是 Field Link 是一个名不见经传的新企业，没有定价权，也没有讨价还价的砝码，而且还有许多其他公司试图做这一行，所以 Field Link 对运营商的需要超过了运营商对它的需要。

另一个问题是可用性。早期的无线浏览器很难使用，彼得和马克斯在这上面无法找到他们认为顾客需要的那种功能。这些挫折将他们引入了一个新的方向。他们不再试图在他们无法控制的两件事即困难的无线界面和无线运营商的集权上抗争，转而致力于一个更简单的领域——通过电子邮件进行支付。

当时，美国有 1.4 亿人有电子邮件，但是只有 200 万人有能联网的无线设备。除了提供更大的潜在市场外，电子邮件方案还消除了与大公司合作的必要性。同样重要的是，电子邮件使他们能够以一种直观而容易的形式呈现他们的支付方案，而用无线设备上的小屏幕无法做到这一点。

他们将公司的名字改成 PayPal，推出了一项基于电子邮件的支付服务。为了启动这项服务，彼得决定，只要顾客签约使用 PayPal，就给顾客 10 美元的报酬；每推荐一个朋友参加，再给他 10 美元。"当时这样做看起来简直是疯了，但这是拥有顾客的一个便宜法子。"他解释说，"而且我们拥有的这类顾客其实价值更大，因为他们在频繁使用这个系统。这要比通过广告宣传得到 100 万随机顾客要好。"

PayPal 迅速取得了成功。在头 6 个月里，有 100 多万人签约使用这项新的支付服务。由于容易使用，界面又好，PayPal 迅速成为 eBay 上的支付系统，并急剧发展起来。一年后当他们决定关掉无线业务的时候，有 400 万顾客在使用 PayPal，而只有 1 万顾客在使用其无线产品。尽管 eBay 内部有一个名为 Billpoint 的支付服务，但是 PayPal 仍然是在线支付领域无可争议的领袖。PayPal 后来上市了，eBay 最终以 15 亿美元买下了 PayPal。如果彼得和马克斯坚持他们最初的计划，故事的结局就会全然不同了。

为问题寻找到合适的解决办法是通常所用的正向思维思考方式。但是，当难以找到解决途径时，最好的解决办法就是将问题改变，改变成我们能够驾驭的、善于解决的问题，这也是逆向思维的绝妙运用。

逆向思维是一种创新思维法，用好逆向思维，我们可以在反向思考中大大提升创新力。

第4节 联想思维：
触类旁通赢得创新

普通心理学认为，联想就是由一事物想到另一事物的心理现象。联想是创新的翅膀，我们生活中许多创新发明都来自于人们的联想。联想思维总能让我们根据事物在时空上彼此接近或对应进行联想，使我们的思绪穿越时空、纵横千里。灵活运用联想思维，无论连锁联想、对比联想或者奇思异想，都能打开我们的思路，使我们的创意不断涌现。

联想思维可以产生穿越时空的创意

联想思维是指人们在头脑中将一种事物的形象与另一种事物的形象联系起来，探索它们之间共同的或类似的规律，从而解决问题的思维方法。世上万物都不是孤立存在的，在空间上或时间上总是保持着一定的联系。联想思维总能让人根据事物在时空上彼此接近或对应进行联想，使我们的思绪穿越时空、纵横千里。灵活运用联想思维，常常能打开我们的思路，使我们产生穿越时空的创意。

相传古时有一位皇帝曾以"深山藏古寺"为题，召集天下画匠作画。最后选了3幅画。第一幅画在万木丛中显露出古寺一角；第二幅画在景色秀丽的半山腰伸出了一根幡；第三幅画只见一个老和尚从山下溪边挑水，沿着山路缓缓而上，而远处只见一片山林，根本无从寻觅寺庙踪迹。

皇帝找大臣合议后，最终选了第三幅画。为什么要选第三幅画呢？因为"深山藏古寺"的画题虽然看似简单，但却包含一个"深"和一个"藏"字。这就需要画家去思考，看如何将这两个意思体现出来。第一幅画太露，"万木丛中显露出古寺一角"，体现不出"深"、"藏"的意思；第二幅似乎好一些，但一根幡仍然点明此处是一座庙宇，只不过被树丛包围，一下子看不到全貌而已，仍然达不到"深"、"藏"的要求；第三幅画以老和尚挑水体现老和尚来自"古寺"，而老和尚所要归去之处即寺庙却"只在此山中，云深不知处"，足以见此"古寺"藏在深山中。看到此画的人莫不惊叹作者巧妙的构思和奇特的想象，而这幅画也当之无愧地独占鳌头。

这个故事给我们最大的启发是第三幅画的作者在构思这幅画时运用了丰富的联想，使人从"和尚"自然联想到"寺庙"；从"老和尚"再进一步联想到这座寺庙年代已经很久远了，是座"古寺"；从老和尚挑水沿着山路缓缓而上，而远处只见一片山林不见寺庙，联想到这座"古寺"被深深地藏在山中。

正因为该画的作者运用了意味无穷的联想思维，让我们的想象能跨越时空的限制，才使见到此画的人为其巧妙的构思和画的意境所折服。

由此可见，联想的妙处就在于它可使我们从一而知三。运用联想思维，由"速度"这个概念，我们的头脑中会闪现出呼啸而过的飞机、奔驰的列车、自由落体的重物等。

联想是心理活动的基本形式之一。联想与一般的自由想象不同，它是由表象概念之间的联系而达到想象的。因此，联想的过程有逻辑的必然性。

相传古时有人经营了一家旅馆，由于经营不善，濒临倒闭。正好阿凡提经过这里，就向旅馆老板献策：将旅馆周围进行重新装饰。到了夏日，将墙面涂成绿色；到了冬日，再将墙面饰成粉红色。旅馆老板按阿凡提所说的做了之后，果然很是吸引顾客，生意渐渐兴隆起来。其中的奥秘在哪儿呢？

原来，阿凡提运用的是人们的联想思维，让一种感觉引起另一种感觉，即夏日看到绿色会感觉清凉舒爽，冬日看到粉红的暖色会感觉温暖。

这种心理现象实际上是感觉相互作用的结果。

上述事例就是通过改变颜色，使不同颜色产生不同的心理效果，从而起到吸引顾客的作用的。

联想是创意产生的基础，它在创意设计中起催化剂和导火索的作用。联想越广阔、丰富，就越富有创造能力。许多的发明创造就是在联想思维的作用下产生的。

春秋时期有一位能工巧匠鲁班，有一次他上山伐木时，手被路旁的一株野草划破，鲜血直流。

为什么野草能划破皮肉呢？他仔细观察那株野草，发现其叶片的两边长有许多小细齿。他想：如果将铁条做成带小齿的工具，是否也可将树划破呢？

依着这个思路，他最终发明了锯子。

鲁班由草叶上的小细齿联想到砍伐工具，为建筑工程提供了便利。无独有偶，小提琴的产生也源于联想思维的发挥。

1000多年前，埃及有位音乐家名叫莫可里。一个盛夏的早晨，他在尼罗河边正悠闲地散步。忽然间，他的脚踢到一个什么东西，发出一声悦耳的声响。他拾起来一看，原来是一个乌龟壳。莫可里拿着乌龟壳兴冲冲地回到家里，再三端详，反复思索，不断试验，最终根据龟壳内空气振动发声的原理制出了世界上第一把小提琴。莫可里从乌龟壳发出的声音联想到了乐器。正是由于联想思维的运用，造就了当今世界上无数人为之陶醉的西洋名乐器。

如果不运用联想思维，是很难从草叶、乌龟壳中产生灵感，创造出锯子和小提琴的。但是，联想思维能力不是天生的，它需要以知识和生活经验、工作经验为基础。基础打好了，联想也随之出现。

连锁联想是扣紧创新的套环

连锁联想是联想思维的一种方式，它是扣紧创新的套环。比较典型的连锁联想例子是："如果大风吹起来，木桶店就会赚钱。"

这两者是怎么联系起来的呢？

原来它经历了下面的思维过程：当大风吹起来的时候，沙石会满天飞舞，于是导致瞎子的增加，从而琵琶师父会增多。然后人以猫的毛代替琵琶弦，因而猫会减少，结果老鼠的数量就会大大增加。最后，由于老鼠会咬破木桶，所以做木桶的店就会赚钱。

上面的每段联想都十分合理，而获得的结论却大大出乎人们的意料。

像这样一环紧扣一环，如一条连接着许多环节的锁链般的联想，我们称之为连锁联想。

连锁联想法在生活中有许多应用实例，它可以让人们通过联想进行创新，"天厨味精"的命名过程就体现了这种方法的智慧。

吴蕴初，江苏嘉定人，是我国著名的"味精大王"。当年，他为其出产的味精命名颇费了一番脑筋。

在此之前，中国不能生产味精，占领中国市场的是日本的"味之素"。吴蕴初不想用这个名，那又取个什么名字好呢？

人们把最香的东西叫香精，把最甜的东西叫糖精，那把味道最鲜的东西就叫味精吧！他接着又想：生产的味精该叫什么牌子呢？他由味精是植物蛋白质制成的，是素的东西，联想到吃素的人；由吃素的人，联想到他们一般都信佛；又因佛住在天上，为佛制作珍奇美味的厨师自然是最好的，于是他决定将味精取名为"天厨味精"。

天厨牌味精问世后，通过声势浩大的广告宣传以及后来适应国人抵制日货的反日情绪，"完全国货"的天厨味精不久便打开了国内市场。

天厨味精由此声名鹊起。

发明创造也可运用连锁联想，从中我们可以看到联想的方法和诀窍。

1493 年，哥伦布在美洲的海地岛发现当地儿童都喜欢把天然生橡胶像捏泥丸一样将它捏成一团，捏成弹力球。哥伦布将这种树木引入了欧洲。但是，这种生橡胶的性能不太好，受热易变形、发黏，受冷又易发脆。因此，它的功能受到了局限。后来，美国的一个发明家在橡胶里加入了硫黄，这使橡胶的熔点、牢固度大大增强。后来，又有人在橡胶中加入了炭黑，使之更加耐磨，于是橡胶的用途日益增加。

苏格兰有一家用橡胶生产橡皮擦的工厂。一天，一名叫马辛托斯的工人端起一大盆橡胶汁往模型里倒。一不小心，脚被绊了一下，橡胶汁淌了出来，浇到了马辛托斯的衣服上。下班后，马辛托斯穿着这件被橡胶汁涂满了一大块的衣服回家，正巧路上遇到了大雨。回家换衣服时，马辛托斯惊奇地发现，被橡胶汁浇过的地方，竟没有渗入半点雨水。善于联想的马辛托斯立即想到，如果把衣服全部浇上橡胶汁，那不就变成了一件防雨衣了吗？雨衣也就应运而生了。

由于天然橡胶产量有限，人们又通过对橡胶成分的研究，生产出了各种各样的合成橡胶。这种橡胶为高分子合成，它具有耐腐、耐磨、耐高温、耐氧化等特点。根据这一特点，人们又生产出车轮胎、鞋等。通过人们的不断努力，橡胶终于从孩子手中的弹力球发展成一种具有广泛用途的高分子材料。目前，全球橡胶制品在 5 万种以上。一个国家的橡胶消耗量和生产水平，成了衡量国民经济发展，特别是化工技术水平的重要指标之一。

由弹力球到雨衣，再到车轮胎、鞋等，人们的联想一环套一环，把人们引入更高的创新境界，这就是连锁联想法的奇妙之处。

千变万化的客观事物，正是由于组成了环环紧扣的彼此制约、联系的锁链，才使世界保持了相对的平衡与和谐。这也是我们进行连锁联想的一个前提依据。恰当地应用连锁联想可以提高我们的创新力。

对比联想出新意

大家可能会认为，联想肯定是根据事物的相似或相关性来进行的。其实，根据事物的对立性进行联想也是联想思维中一种简单可行的方法。这种联想法称为对比联想法。

对比联想法是指由某一事物的感知和回忆引起跟它具有相反特点的事物的回忆，从而得出创造或创见的思维方法。

由于客观事物之间普遍存在着相对或相反的关系，因此，运用对比联想能引发新的设想。比如，由实数想到虚数，由欧氏几何想到非欧氏几何，由粒子想到反粒子，由物质想到反物质，由精确数学想到模糊数学，等等，都是对比联想的结果。

鲍洛奇是一位专营中国食品的美国企业家，他的公司注册商标图案原先是一位中国胖墩，在第二次世界大战期间销路很好。随着时间的推移，与"胖墩"商标联系在一起的食品销路竟越来越差了。

既然"胖"不行，那么"瘦"怎么样？鲍洛奇想。

于是他将商标图案改成了"中国瘦条"，结果这一微不足道的改动起到了立竿见影的效果。

原来在二战期间，肥胖象征着财富与安乐，因此"胖墩"的销路当然不会差。可随着人们生活水平的提高，减肥运动悄然兴起，这时"中国瘦条"反而能适应减肥这一新潮流。因此，鲍洛奇运用对比联想做出的这一改动使食品销量大增。

同样，当物理学家开尔文了解到巴斯德已经证明了细菌可以在高温下被杀死，食品经过煮沸可以保存后，他大胆地运用对比联想：既然细菌在高温下会死亡，那么在低温下是否也会停止活动？在这种思维的启发下，他经过精心研究，终于发明了"冷藏"工艺，为人类的健康保健做出了重要的贡献。

由"胖"联想到"瘦"，虽然很简单，但它实现了由"中国胖墩"到"中国瘦条"的创新；从高温杀菌联想到低温杀菌，也让物理学家开尔文做出了"冷藏"工艺的创新。

在使用对比联想法的过程中，我们需要将视角放在与目前该事物的特征相对的特点上，并加以巧妙利用。

铜的氢脆现象使铜器件产生缝隙，令人讨厌。这一现象的机理是：铜在 500℃ 左右处于还原性气氛中时，铜中的氧化物被氢脆。这无疑是一个缺点，因此人们想方设法要去克服它。可是有人偏偏把它看成优点加以利用，于是制造铜粉的技术发明了。用机械粉碎法制铜粉相当困难，因为在粉碎铜屑时，铜屑总是变成箔状。而把铜置于氢气流中，加热到 500℃ ~ 600℃，时间为 1~2 小时，使铜屑充分氢脆，再经球磨机粉碎，合格的铜粉就制成了。这里就运用了对比联想。

18 世纪，拉瓦把金刚石煅烧成二氧化碳（CO_2）的实验，证明了金刚石的成分是碳。1799 年，摩尔沃成功地把金刚石转化为石墨。金刚石既然能够转变为石墨，用对比联想来考虑，那么石墨能不能转变成金刚石呢？后来经过实践，终于用石墨制成了金刚石。

对比联想法在创新活动中得到广泛的应用，它可以帮助我们从一个事物联想到另一个事物。两个相反的对象，只要想到一个，运用对比联想便自然而然地会想出相对的那个来。所以，用好对比联想，创新也可以变得简单。

在日常的工作、学习或者生活中，我们可以有意识地培养自己这种对比联想的方法。用好这种联想思维，我们就能使自己的创新力得到一定的提升。

奇思异想可以激发创造性联想

日本一支探险队来到南极，为了进行科学考察，他们准备在南极过冬。队员们冒着严寒建立了一个基地。为了把运输船上的汽油运到基地，他们开始铺设管道，把一根一根的铁管子连接起来，形成一条输油管。由于事先考虑不周到，带去的管子都用完了，却还没有接到运输船上。他们傻眼了，在船上翻箱倒柜也没找到可以替代管子的东西。现在如果发电报请求国内运来，至少需要一个多月的时间。如果不接通输油管，那么基地就没有取暖的燃料，大伙都会冻成"冰棍"。怎么办？大家你看看我，我看看你，毫无办法。

这时候，队长想出了一个奇特的好办法，很快解决了这一难题。

队长建议用冰来做管子。他们先把绷带缠在已有的铁管上，再在上面淋上水。在南极的低温下，水很快就结成冰。然后拔出铁管，冰管子就形成了，把它们接起来，想要多长就有多长。

水是液体，冰是固体，只要温度足够低，液体水就会变成固态冰，而固态冰可以当作输油管道用。这样的联想不能说不奇特。在善于创造性地解决问题的高手那里，联想越奇越好，越多越好，越不可思议越好。因为，奇思异想可以激发创造性联想。

潜艇攻击敌舰，遇浅海区，潜艇活动将受限制。若把它设计成小型潜艇，夜幕下对敌舰进行攻击，就容易奏效，活动起来也自如得多。

我们常看到电线杆和墙面贴着形形色色不雅观的广告，将其清除是一件很麻烦的事。有人想：若把一种化学剂刷在电线杆和墙面上，不雅观的广告便会自动脱落，于是有了"脱落化学涂料"。

发现炮弹射程有限，看到多节火箭能够增加射程，于是炮弹用脱壳办法增加射程。"接力炮弹"的奇想由此产生。

常出差的人最头疼的一点就是公交车误点，赶不上火车（或轮船）。若能把公交车行驶到站时间让乘客知道，乘客就放心了，"报时路牌"就是这样产生的。

沙发搬动时很费力，怎样才能使沙发重量变得能轻易搬动呢？有人想到"充气"，它可减轻重量，易搬动，于是产生了"充气沙发"。

海难发生多数是由船体底部破损所致，如果把船的上层舱位与水下船体分离，使上层舱位浮于水上，自救就有办法了，于是想到"能自救的船"。

输液时最忌空气进入输液管，患者在输液时总是有些顾虑。若在输液管上安装一个输液已尽"自动关闭器"，患者便可大胆放心输液了。

有人在无人售票投币箱内投入假币，使公交车蒙受损失，于是有人奇想——在投币箱上安装"钱币识别仪"。

海洋是广阔的天地，尚未充分开发，而城市人口拥挤、住房紧张，何不向海洋进军？于是引发"海底球形住宅"的奇思异想。

烫衣服很费时，有人发现床单洗后用稀薄浆水浸一下，晾干后十分挺括，从中得到启示。于是就奇想将一种"免烫液"喷在衣服上，使衣服平整不用烫。

野外作业者搞测绘或地层取样，遇到下雨天就无法进行工作了。有人发现蜡纸是不怕水的，在蜡纸背面涂上蓝色或黑色，像复写纸，再把蜡纸紧贴在一般纸上密封，用硬笔在蜡纸上刻画，字迹便会留在纸上。于是有了"雨天书写的笔和纸"这一奇想。

用高炮、导弹、火箭可以打飞机，鸟碰撞飞机也可让飞机受损。于是奇想到只要有鸡蛋大的颗粒碰上飞机，飞机就可能坠毁。因此在敌机经常活动的空域里，撒上鸡蛋或花生米大的非金属半浮式的颗粒即可击落飞机。

一位下岗工人看到大家很喜欢烤肉串、烤鸡翅等烧烤食品，他就想：鸡蛋的吃法有蒸、煮、炒和炸四种，能不能创造第五种吃法——烤鸡蛋呢？经过反复实验，他终于获得了成功。烤鸡蛋风味独特，深受大众的喜爱。这位下岗工人也借此自己创业，取得了成功。

奇思异想揭示了想象、联想的一个内在规律：只有打破思维上的一切束缚和框框，大胆地想，才能想出奇思妙计，才能做出创新发明。

只要我们敢思善想，就有激发创造性联想的机会，就有成就创新的可能性。

第5节 逻辑思维：
创新亦可"顺藤摸瓜"

创新并不是杂乱无章、无规可循的，只要我们善于运用"顺藤摸瓜"的逻辑思维，进行严密的推理分析，我们就可以透过创新之上的假象抓住创新的本质。由已知推及未知的演绎推理，由"果"推"因"的回溯推理，这些逻辑思维方法在科学领域常被用做新事物的发明和发现。善用逻辑，我们就可以洞悉创新先机。

逻辑思维可以透过现象看清本质

根据问题的一个线索"顺藤摸瓜"，进行推理，就会有更多的发现，能够渐渐揭示事物的根本。这就是逻辑思维法。逻辑思维又称抽象思维，是人们在认识过程中借助于概念、判断、推理反映现实的一种思维方法。在逻辑思维中，要用到概念、判断、推理等思维形式和比较、分析、综合、抽象、概括等方法。运用逻辑思维，可以帮助我们透过现象看清本质。

有这样一则故事，从中我们可以体会到逻辑思维的力量。

美国有一位工程师和一位逻辑学家是无话不谈的好友。一次，两人相约赴埃及参观著名的金字塔。到埃及后，逻辑学家住进宾馆，照常写自己的旅行日记，而工程师则独自徜徉在街头。忽然，工程师耳边传来一位老妇人的叫卖声："卖猫啦，卖猫啦！"

工程师一看，在老妇人身旁放着一只黑色的玩具猫，标价500美元。这位妇人解释说，这只玩具猫是祖传宝物，因孙子病重，不得已才出售，以换取治疗费。工程师用手拿起猫，发现猫身很重，看起来似乎是用黑铁铸的。不过，那一对猫眼则是珍珠镶的。

于是，工程师对那位老妇人说："我给你 300 美元，只买下两只猫眼吧。"

老妇人一算，觉得行，就同意了。工程师高高兴兴地回到了宾馆，对逻辑学家说："我花了 300 美元，竟然买下两颗硕大的珍珠。"

逻辑学家一看这两颗大珍珠，少说也值上千美元，忙问朋友是怎么一回事。当工程师讲完缘由，逻辑学家忙问："那位妇人是否还在原处？"

工程师回答说："她还坐在那里，想卖掉那只没有眼珠的黑铁猫。"

逻辑学家听后，忙跑到街上，给了老妇人 200 美元，把猫买了回来。

工程师见后，嘲笑道："你呀，花 200 美元买个没眼珠的黑铁猫。"

逻辑学家却不声不响地坐下来摆弄铁猫。突然，他灵机一动，拿了一把小刀试着刮铁猫的脚。当黑漆脱落后，露出的是黄灿灿的一道金色印迹。他高兴地大叫起来："正如我所想，这猫是纯金的！"

原来，当年铸造这只金猫的主人怕金身暴露，便将猫身用黑漆漆了一层，从外面看上去俨然是一只铁猫。对此，工程师十分后悔。此时，逻辑学家嘲笑他说："你虽然知识很渊博，可是缺乏一种思维的艺术，分析和判断事情不全面、不深入。你应该好好想一想，猫的眼珠既然是珍珠做成，那猫的全身会是不值钱的黑铁所铸吗？"

猫的眼珠是珍珠做成的，那么猫身就很有可能是用更贵重的材料制成的。这就是逻辑思维的运用。故事中的逻辑学家巧妙地抓住了猫眼与猫身之间的内在逻辑性，获得了比工程师更高的收益。

我们知道，事物之间都是有联系的，而寻求这种内在的联系，以达到透过现象看清本质的目的，则需要缜密的逻辑思维来帮助。在创新活动中也是如此。创新并不是杂乱无章、无规可循的，只要我们善于运用逻辑思维，就可以透过创新之上的假象抓住创新的本质。

演绎推理法可由已知推及未知

演绎推理法就是从若干已知命题出发，按照命题之间的必然逻辑联系推导出新命题的思维方法。演绎推理法既可作为探求新知识的工具，使人们从已有的认识推出新的认识，又可作为论证的手段，使人们借以证明某个命题或反驳某个命题。

演绎推理法是一种解决问题的实用方法。我们可以通过演绎推理找出问题的根源，然后提出可行的解决方案，从而实现创新。

众所周知，伽利略的"比萨斜塔试验"使我们认识了自由落体定律，推翻了亚里士多德关于物体自由落体运动的速度与其重量成正比的论断。实际上，促成这个试验的是伽利略的逻辑思维能力。在实验之前，他做了如下一番仔细的思考。

他认为：假设物体 A 比 B 重得多，如果亚里士多德的论断是正确的，那么 A 就应该比 B 先落地。现在把 A 与 B 捆在一起成为物体 A+B，一方面因 A+B 比 A 重，它应比 A 先落地；另一方面，由于 A 比 B 落得快，B 会拖 A 的"后腿"，因而大大减慢 A 的下落速度，所以 A+B 又比 A 后落地。这样便得到了互相矛盾的结论：A+B 既比 A 先落地，又比 A 后落地。

2000 年来的错误论断被如此简单的推理所推翻，伽利略运用的便是演绎推理法。

下面是一个运用演绎推理的典型例子：

有一个工厂的存煤发生自燃，引起火灾。厂方请专家帮助设计防火方案。

专家首先要解决的问题是：一堆煤自动地燃烧起来是怎么回事？通过查找资料可以知道，煤是由地质时期的植物埋在地下，受细菌作用而形成泥炭，再在水分减少、压力增大和温度升高的情况下逐渐形成的。也就是说，煤是由有机物组成的。燃烧的条件是要有温度和氧气，而煤在慢慢氧化的过程中积累热量，温度升高，温度达到一定限度便会自燃！那么，预防的方法就可以从产生自燃的因果关系出发来考虑了。最后，专家给出了具体的解决措施，有效地解决了存煤自燃的问题：

（1）煤炭分开储存，每堆不宜过大。

（2）严格区分煤种，根据不同产地、煤种分别采取存放措施。

（3）清除煤堆中诸如草包、草席、油棉纱等杂物。

（4）压实煤堆，在煤堆中部设置通风洞，防止温度升高。

（5）加强对煤堆温度的检查。

（6）堆放时间不宜过久。

对这个问题我们可以从两方面进行思考：一是从原因到结果，二是从结果到原因。无论哪种思路，运用的都是演绎推理法。演绎推理法可帮我们由已知推及未知。

　　通过演绎推理推出的结论是一种必然无误的断定，因为它的结论所断定的事物情况并没有超出前提所提供的知识范围。下面是一则趣味数学故事，通过故事我们可以看到演绎推理的这一特点。

　　维纳是 20 世纪伟大的数学家之一，他是信息论的先驱，也是控制论的奠基者。他 3 岁就能读写，7 岁阅读和理解但丁和达尔文的著作，14 岁大学毕业，18 岁获得哈佛大学的科学博士学位。

　　在授予学位的仪式上，只见他一脸稚气。人们不知道他的年龄，于是有人好奇地问道："请问先生，今年贵庚？"

　　维纳十分风趣地回答道："我今年的岁数的立方是个四位数，它的 4 次方是六位数。如果把两组数字合起来，正好包含 0123456789 这 10 个数字，而且不重不漏。"

　　言之既出，四座皆惊，大家都被这个趣味的回答吸引住了。"他的年龄到底有多大？"一时之间，这个问题成了会场上人们议论的中心。

　　这是一个有趣的回答，虽然得出结论并不困难，但是这既需要一些数学"灵感"，又需要掌握演绎思维推理的方法。为此，我们可以假定维纳的年龄是 17~22 岁，再运用演绎推理方法，看是否符合前提。

　　请看：17 的 4 次方是 83521，是个五位数，不是六位数，所以小于 17 的数作底数肯定不符合前提条件。

　　这样，维纳的年龄只能从 18、19、20 和 21 这 4 个数中去寻找。现将这 4 个数的 4 次方列出：104976，130321，160000 和 194481。以上的乘积虽然都符合六位数的条件，但在 19、20、21 的 4 次方的乘积中都出现了数字的重复现象，所以也不符合前提条件。这样，剩下的唯一数字是 18。让我们验证一下，看它是否完全符合维纳提出的条件。

　　18 的 3 次方是 5832（符合四位数），18 的 4 次方是 104976（六位数）。在以上的两组数码中不仅没有重复现象，而且恰好包括了从 0 到 9 这 10 个数字。因此，维纳获得博士学位的时候是 18 岁。

　　以上的两则事例都运用了演绎推理的思维方法。演绎推理是一种行之有效的思维方法，我们应该学习、掌握这种方法，并能够正确地运用。

回溯推理法可由"果"推"因"

20 世纪初，非洲流行一种可怕的昏睡病。许多人患了这种疾病以后就陷入无休止的睡眠当中，直到死去。

为了治疗这种疾病，有人给患者服用了一种叫作阿托品的化学药品。虽然这种药品将导致昏睡病的锥虫杀死了，但患者病愈后却常常伴有双目失明的痛苦。从因果关系上看，杀死锥虫和失明都是"果"，而"因"是服用阿托品，可以说是一因二果。面对这样的结果，德国细菌学家埃尔立西设想：能不能把阿托品的化学结构改变一下，使一因二果变成一因一果，即只是杀死锥虫而不至于损害视觉神经。经过无数次的试验，他和日本学者秦左八郎一起发明了砷制剂"606"作为治疗昏睡病的有效药物，为化学疗法的发展做出了重大的贡献。

在这里，德国细菌学家埃尔立西就是用到了逻辑思维中的回溯推理法。

回溯推理法，顾名思义，就是从事物的"果"推到事物的"因"的一种思维方法。这种方法最主要的特征就是因果性。通常情况下，由事物变化的原因可知其结果；相反，知道了事物变化的结果又可以推出其原因。

回溯推理法在地质考察与考古发掘方面得以广泛运用。例如，根据对陨石的测定，用回溯推理的方法能够推知银河系的年龄大概为 140～170 亿年；根据对地球上最古老岩石的测定，推知地球大概有 46 亿年的历史。

这一方法也常被用做科学领域的发明和发现。

自 20 世纪 80 年代中期以来，科学家们发现臭氧层在地球范围内有所减少，而在南极洲上空出现了大量的臭氧层空洞。自此，人们开始领悟到人类的生存正遭受来自太阳强紫外线辐射的威胁。地球大气平流层中臭氧的减少是科学观察的结果，那么导致这种结果的原因是什么呢？科学家们运用了回溯推理的思维方法，开展了由"果"索"因"的推理工作。其实，早在 1974 年，化学家罗兰就认为氟氯烃不会在大气层底层很快分解，在平流层中氟氯烃分解臭氧分子的速度也远远快于臭氧的生成速度，这样便造成了臭氧的损耗。也就是说，氟氯烃是使大气中臭氧减少的罪魁祸首，是造成臭氧空洞的直接原因。

回溯推理思维方法是一种科学的思维方法，可以通过学习来培养，也可以通过某些方式来进行自我训练。例如，多读一些侦探小说、武侠小说，有利于回溯推理思维能力的提高。英国著名作家阿·柯南道尔著的《福尔摩斯探案全集》就是一部十分精彩的侦探小说，可以说是一部回溯推理的好教材，不妨认真读一读。运用回溯推理法，可以为我们带来创新的机会，提升创新力。

善用逻辑，洞悉创新先机

生活中很多事情的解析都有赖于一种分析和推理的思维。正确的逻辑思考可以帮助我们解决很多问题，让我们洞悉创新先机。

下面故事中的亚默尔通过逻辑思考洞悉了别人看不见的机会，也说明了逻辑思考是一种极富创造性的成功方法。

亚默尔肉类加工公司的老板菲利普·亚默尔每天都有看报纸的习惯。虽然生意繁忙，但他每天早上到了办公室，都会看秘书给他送来的当天的各种报刊。

初春的一个上午，他像往常一样坐在办公室里看报纸，一条不显眼的不过百字的消息引起了他的注意：墨西哥疑有瘟疫。

亚默尔的头脑中立刻展开了推理：如果瘟疫出现在墨西哥，那么很快就会传到加州、德州，而美国肉类的主要供应基地是加州和德州，一旦这里发生瘟疫，全国的肉类供应就会立即紧张起来，肉价肯定也会飞涨。

于是，他马上让人去墨西哥进行实地调查。几天后，调查人员回电报，证实了这一消息的准确性。

亚默尔放下电报，马上着手筹措资金大量收购加州和德州的生猪和肉牛，并把它们运到离加州和德州较远的东部饲养。果然，两三个星期后，西部的几个州就出现了瘟疫。联邦政府立即下令严禁从这几个州外运食品。北美市场一下子肉类奇缺、价格暴涨。

亚默尔认为时机已经成熟，马上将囤积在东部的生猪和肉牛高价出售。仅仅 3 个月时间，他就获得了 900 万美元的利润。

亚默尔善于运用逻辑思维对接收到的信息进行思考。他先在头脑中将信息进行一番推理，判断其真伪或根据该信息导出更多的未知信息，从而先人一步，夺取主动。这种逻辑思考方法在创新领域具有很大的借鉴意义。

逻辑思考是一种比较规范的、严密的分析推理方式。它依靠对事物关键点的把握，逐层推进，深入分析，而不是靠无端的臆想和猜测。

下面故事中的巴鲁克也是依靠逻辑思维捕获到了别人看不到的机会。

伯纳德·巴鲁克是美国著名的实业家、政治家，在30出头的时候就成了百万富翁。

在刚刚创业的时候，巴鲁克是非常艰难的。但他对信息具有特殊的敏感性，加之合理的推理，他一夜之间发了大财。

1898年7月的一天晚上，28岁的巴鲁克正和父母一起待在家里。忽然，广播里传来消息，美国海军在圣地亚哥消灭了西班牙舰队。

这一消息对常人来说只不过是一则普通的新闻，巴鲁克却通过逻辑分析从中看到了商机。

他推断，美国海军消灭了西班牙舰队，这意味着美西战争即将结束，社会形势将趋于稳定。那么，在商业领域的反映就是物价上涨。

这天是星期天，第二天将是星期一。按照惯例，美国的证券交易所在星期一都是关门的，但伦敦的交易所则照常营业。如果巴鲁克能赶在黎明前到达自己的办公室，那么就能发一笔大财。

可是在那个时代，小汽车还没有出世，火车在夜间又停止运行。在常人看来，这已经是无计可施了。而巴鲁克却想出了一个绝妙的主意：他赶到火车站，租了一列专车。上天不负有心人，巴鲁克终于在黎明前赶到了自己的办公室。在其他投资者尚未"醒"来之前，他就做成了几笔大交易。他成功了！

1916年，威尔逊总统任命他成为"国防委员会"顾问以及"原材料、矿物和金属管理委员会"主席，以后他又担任"军火工业委员会主席"。1946年，巴鲁克担任了美国驻联合国原子能委员会的代表，提出了一个著名的"巴鲁克计划"，即建立一个国际权威机构，以控制原子能的使用和检查所有的原子能设施。

逻辑思维就具有这么奇妙的力量，能帮助我们在纷繁复杂的信息中进行有效的筛选。经过逻辑思考的加工，挖掘出信息背后的信息，从而有利于我们及时地抓住成功先机，抓住创新先机。

在今后的创新活动中，我们也要学会运用这种严密的逻辑推理方式，善于抓住创新的关键点，然后层层推进，对其认真分析并做出正确判断，最终洞悉创新的内在架构。善用逻辑，我们就能洞悉创新先机。

第6节 形象思维：
使创新变得清晰生动

形象思维是运用直观形象和表象解决问题的思维。它借助丰富的想象来完成脑中新形象的创造，帮助我们运用更有效、更有创意的方法解决问题。形象思维运用的过程就是创新的过程。活用想象，挖掘右脑潜能，抓拍流动的影像，是形象思维的表现形式。形象思维法不仅有助于提高我们的想象力，更有助于提升创新力。

形象思维使抽象的概念变生动

所谓形象思维，是指运用直观形象和表象解决问题的思维。形象思维又称右脑思维，从提升一个人形象思维能力的角度来说，右脑越发达，形象思维越强。形象思维不仅有助于提高想象力，也有助于提升创新力，帮助我们运用更有效、更有创意的方法解决问题。

一次，一位不知相对论为何物的年轻人向爱因斯坦请教相对论。相对论是爱因斯坦创立的既高深又抽象的物理理论，要在几分钟内让一个门外汉弄懂几乎是不可能的。

然而，爱因斯坦却用十分简洁、形象的话语对深奥的相对论做出了解释："比方说，你同最亲爱的人在一起聊天。一个钟头过去了，你可能只觉得过了五分钟；可如果让你一个人在大热天孤单地坐在炽热的火炉旁，五分钟就好像一个小时。这就是相对论！"

在这里，爱因斯坦运用的就是形象思维。他把抽象的相对论概念用生动形象的比喻来说明，让听者豁然开朗。这种形象思维运用的过程实际上就是创新的过程。

当我们描述一个事物时，利用形象思维打一个比方或画一个示意图，往往会起到意想不到的说明效果。例如，研究人员在演示时，借助形象化的语言、图形、演示实验、模型、标本等，能使抽象的科学道理、枯燥的数学公式等变得通俗易懂；在和别人讨论政治话题时，借助于文学艺术等特殊手段，将抽象的概念进行形象化比喻，使枯燥的内容贯穿于生动活泼的文化娱乐中，能起到事半功倍的效果。

著名哲学家艾赫尔别格曾经对人类的发展速度有过一个形象生动的比喻。他认为，在到达最后1千米之前的漫长征途中，人类一直是沿着十分艰难崎岖的道路前进的。穿过了荒野，穿过了原始森林，人类那时对周围的世界万物茫然、一无所知。只是在即将到达最后1千米的时候，人类才看到了原始时代的工具和史前穴居时代创作的绘画。当开始最后1千米的赛程时，人类看到难以识别的文字，看到农业社会的特征，看到人类文明刚刚透过来的几缕曙光。离终点200米的时候，人类在铺着石板的道路上穿过了古罗马雄浑的城堡。离终点还有100米的时候，在跑道的一边是欧洲中世纪城市的神圣建筑，另一边是四大发明的繁荣场所。离终点50米的时候，人类看见了一个人，他用创造者特有的充满智慧和洞察力的眼光注视着这场赛跑——他就是达·芬奇。剩下最后5米了，在这最后冲刺中，人类看到了惊人的奇迹：电灯光亮照耀着夜间的大道，机器轰鸣，汽车和飞机疾驰而过，摄影记者和电视记者的聚光灯使胜利的赛跑运动员眼花缭乱……

艾赫尔别格运用形象思维将漫长的人类历史栩栩如生地展现在人们的面前。

我们也可以把形象思维运用到工作中。如把自己要处理的文字看成是一个个跳跃的、充满生命力的精灵；把面前的电脑看成是一个可以用思想与你交流的朋友；把桌面上杂乱无章的文件看成是一些亟待组合的神奇积木……这样运用形象思维，不但可以让我们觉得工作是轻松愉快的，而且能培养我们的想象力，从而提高我们的创新力。

形象思维还可以用于发明创造，使发明的过程变得简单明了，很多新事物的发明都是形象思维作用的结果。

总之，形象思维能够使我们的头脑充满生动的画面，向我们展现更为丰富多彩的世界。它是提升我们创新力的一种必备的思维方法。

活用想象，探索新知

形象思维借助丰富的想象完成脑中新形象的创造。所以，我们要经常开展丰富生动的想象活动，充分发挥想象力，通过丰富多彩的想象来提升自己的创新力。

展开想象、活用想象不仅可以培养我们的形象思维，还可以探索新知。

想象能帮助我们抓住事物的本质特征，并在大脑中把这些特征组合成整体形象，从而探索到新的知识。创新需要想象，想象力是人脑的优势。在逻辑思维难以推导出新知识、新发明的地方，想象能以超常规形式为我们提供全新的目标形象，从而为揭示事物的本质特征提供重要思路或有益线索，为我们开拓出全新的思维天地。

想象作为形象思维的一种基本方法，能创造出未曾感知和存在的事物形象，因此它是任何探索活动都不可缺少的基本要素。没有想象，一般思维就难以升华为创新思维，最终也就不可能实现创新。

DNA 双螺旋结构的发现，是近代科学的最伟大成就之一。由于 DNA 是生物高分子，因此普通光学显微镜无法看到它的结构。1945 年，英国生物学家威尔金斯首先使用 X 光衍射技术拍摄到世界上第一张 DNA 结构照片。照片上看到的是一片云状的斑斑点点，有点像是螺旋形，但不能断定。1951 年春，英国剑桥大学的另一位生物学家克里克利用 X 光射线拍摄到了清晰的蛋白质照片。这是一个重大的突破。当时美国一位年轻的生物学博士沃森正在做有关 DNA 如何影响遗传的实验，听到这一消息后，便来到克里克的实验室和他一起研究 DNA 结构。

同年 5 月，沃森在一次学术会议上见到威尔金斯，威尔金斯提出了 DNA 可能是螺旋形结构的猜想。回到剑桥大学后，沃森便和克里克一起研究那张 DNA 照片。沃森想，DNA 的结构形状会不会是双螺旋的，就像一个扶梯，旋转而上，两边各有一个扶手？于是他与克里克用 X 光衍射技术反复对多种病毒的 DNA 进行照相，进行多次模拟实验，最后他们终于发现 DNA 的基本成分必须以一定的配对关系来结合的结构规律，从而揭示出 DNA 的分子构成是双螺旋结构。1953 年 4 月，他们关于 DNA 结构的论文发表在英国《自然》杂志上。这篇论文只有 1000 多字，其分量却足以和达尔文的《物种起源》相比。

DNA 结构的发现为解开一切生物（包括人类自身）的遗传和变异之谜带来了希望。1962 年，沃森、克里克和威尔金斯三人因 DNA 结构的发现共获诺贝尔医学奖。

从 DNA 结构的发现过程中我们可以看出，想象在科学创新过程中起了重要作用。

运用想象探索新知识，还要善于提出新假说。恩格斯说："只要自然科学在思维着，它的发展形式就是假说。"科学知识的一般形成法则可以表达为一个公式：问题——假说——规律（理论）。即最初总是从发现问题开始，然后根据观察实验得来的事实材料提出科学的假说，假说经过实践检验得到确证以后就上升为规律或者理论。可见，创造性想象对于提出科学假说具有重要作用。

事实和理论可以使我们明察现在，而丰富的想象则可以使我们拥有开拓未来、探索新知识的能力。想象是直觉的延伸与深化，丰富的想象力有助于我们揭示未知事物的本质，提高我们的创新力。

挖掘右脑潜能

大脑的左、右两个半球分别称为左脑和右脑，在它们表面有一层约 3 毫米厚的大脑皮质，两半球在中间部位相接。美国神经生理学家斯佩里发现了人的左脑、右脑具有不同的功能：右脑主要负责直感和创新力，可称为司管形象思维；左脑主要负责语言和计算能力，可称为司管逻辑思维。一般认为，人的优势半球主要在左脑，右脑功能普遍得不到充分发挥。所以，从创新思维的角度来看，开发右脑功能的意义是十分重大的。因为右脑活跃起来有助于打破各种各样的思维定式，能够提高人们的想象力和形象思维能力。提倡开拓右脑，是为了求得左右脑平衡、沟通和互补，以期最大限度地提高人脑的工作效率。两个大脑半球的活动更趋协调后，就能够进一步提高人的智力和创新力。

近年来，不少人对锻炼、开发右脑功能产生了浓厚的兴趣。能促进右脑功能发展的活动有许多，现列举 8 个：

（1）画知识树。在学习活动中经常把知识点，知识的层次、方面和系统及其整体结构用图表、知识树或知识图的形式表示，这有助于建构整体知识结构，对大脑右半球机能发展有益。

（2）培养绘画意识。经常欣赏美术图画，动手绘画，有助于大脑右半球的功能开发。

（3）发展空间认识。每到一地或外出旅游要明确方位，分清东西南北，了解地形地貌或建筑特色，培养空间认识能力。

（4）练习模式识别能力。在认识人和各种事物时，要观察其特征，将特征与整体轮廓相结合，形成独特的模式加以识别和记忆。

（5）冥想训练。经常用美好愉快的形象进行想象，如回忆愉快的往事，遐想美好的未来。鲜明、生动的形象不仅使人产生良好的心理状态，还有助于右脑潜能的发挥。

（6）音乐训练。经常欣赏音乐，增强音乐鉴赏能力，能促进大脑右半球功能的发展。

（7）在日常生活中尽可能多使用身体的左侧。身体左侧多活动，右侧大脑就会发达。比如使用小刀和剪子的时候用左手，拍照时用左眼注视窗口，打电话时用左耳听话等。

日本人创造设计出一种可增强右脑功能的“左侧体操”。它的依据是，人的身体左右侧的活动与发展通常是不平衡的，往往右侧活动多于左侧活动，因此有必要加强左侧体操活动，以促进右脑功能。据介绍，该左侧体操确实能在较短时期内对右脑起到锻炼作用。

如果你每天要在汽车上度过较长时间，可利用它锻炼身体左侧。如用左手指钩住车把手，让左脚单脚支撑站立；将钱放在衣服左口袋，上车后用左手取钱买票等。

（8）左手锻炼法。其具体说明如下。

①环绕橡皮筋法。在左手食指和中指上套上一根橡皮筋，使之成为“8”字形，然后用拇指把橡皮筋移套到无名指上，仍使之保持“8”字形。以此类推，再将橡皮筋套到小指上，如此反复多次，可有效地刺激右脑。

②手指刺激法。苏联著名教育家苏霍姆林斯基说：“手使脑得到发展，使它更加聪明。”“儿童的智慧在手指头上。”许多人让儿童从小练习用左手弹琴、打字、珠算等，目的就是通过双手协调运动把大脑皮质中相应神经细胞的活力激发出来。

③环球刺激法。尽量活动手指，促进右脑功能。例如用左手五指捏握健身环促进对手掌各穴位的刺激、按摩，使脑部供血通畅，从而对右脑起激发作用。并且，多用左、右手掌转捏核桃，作用也一样。

此外，开拓右脑的方法还有非语言活动、跳舞、美术、种植花草、手工技艺、烹调、缝纫等，既锻炼左脑又开发右脑。

抓拍流动的影像

著有《爱因斯坦成功要素》的闻杰博士提出了一种通过提高想象力而提升创新力的"影像流动法"。"影像流动法"其实非常简单，是刺激右脑和接触内在天才特质的好方法。

准备一个红苹果、一个橘子、一颗绿色的无花果、几颗红葡萄和一把蓝莓。把这些水果放在你面前的桌上，静静坐一会儿，让自己随着呼吸的起伏放松。接着，请你仔细观看红苹果，用大约30秒的时间研究苹果的形状和色泽。然后闭上眼睛，试着在心中重现苹果的形象，用同样的方式轮流研究每一种水果。接着再重复练习一次，但这一次观察时请把水果握在手里，闻闻苹果的香味，并咬一口。要把全部的注意力放在这个苹果的味道、香味和口感上。在你吞咽下这口苹果时，闭上眼，尽情享受被引发的多重感官经验。然后继续用同样的方式品尝上述的每一种水果，在你心灵的眼睛里，想象每一种水果的形象。接着再用你的想象力创造出每种水果的实际形象，放大一百倍，再把水果缩回原来的大小，想象自己从不同的角度看水果。这个有趣的练习能帮助你强化创意想象的逼真度。

这一方法的运用过程如下：

（1）先找个舒服的地方坐下来，用轻松的呼吸帮助自己放松。轻轻闭上双眼，把心中流过的影像大声说出来。

（2）大声形容流过心中的影像，最好是说给另一个人听，或是用录音机录下来。低声的叙述无法造成应有的效应。

（3）用多重感官经验丰富你的形容，五感并用。例如，沙滩的影像出现，就要描述海沙的质感、香味、口感、声音和外形。当然，形容沙滩的口感听起来很奇怪，但别忘了，这个练习是可以运用想象力的。

（4）用"现在时"时态去描述影像具有形象逼真的效果，所以在你形容一连串流过的影像时，要形容得仿佛影像"现在"正在发生。

做这个练习时，不需要主题，只要把影像流动当作是漫游于想象与合并式思考中不拘形式而流畅的奇遇。影像流动练习通常无须意识的指示，都是自行找到前进的动力，表达各种主题。你也可以用这个方法向自己提出某个问题，或是深入探讨某一个特定的主题。

相信只要用好"影像流动法"这种形象思维，我们就一定可以在生动活泼的想象中提升自己的创新力。

第 7 节 侧向思维：
另辟蹊径往往使创新柳暗花明

　　侧向思维为我们提供一种"旁敲侧击"、通过出人意料的侧面来思考和解决问题的方法，这是一种异于常规的创新方法。它为我们提供了一个崭新的思维视角：创新道路上的绊脚石可以变成垫脚石，在侧面可以找到解决创新难题的突破口，从他人的观点中发现创新的亮点。侧向思维为我们的行动提供了一种极富成效和创新精神的指导，经常培养这种思维方法可以逐步提升我们的创新力。

"旁敲侧击"的侧向思维

　　侧向思维法就是思考问题时不从正面角度出发，而是通过出人意料的侧面来思考和解决问题，从侧向找关联、从侧向突出兴奋点、从侧向找价值，等等。它是一种"旁敲侧击"的异于常规的创新方法。

　　比如，你是一家电影公司的职员，现在，公司要在另外一个城市开一家新的电影院，于是安排你做一件事情：在 1~2 天的时间里，帮公司寻找一个最适合开电影院的地方。你有把握在这么短的时间内找到吗？

　　你可能会想到，开电影院和开商店的经验是一样的：最重要的莫过于位置。因为，商店和电影院生意要兴隆，首先得人气旺。而人气要旺，就必须将位置选择在人流量多、消费能力强的地方。

　　当然，很多人面对这样的问题也会根据常规思维用测算人流量的方法去解决，其中最直接的方法就是每天派人到各处实地考察。但这样需要耗费大量的时间和精力，根本不可能在短时间内得出结果；另一种办法就是请专门的调查公司去做调查，但花费也同样不少。那么，除这两种方法外，还有没有更好的方法？

日本一家电影公司的一位高级管理者就遇到过这样的问题，但他只采用了一个非常简单的方法就轻而易举地解决了。

他带领自己的下属，到将要开设电影院的城市的所有派出所进行调查。调查的目标十分简单：哪个地方平时丢钱包最多，就选择丢钱包最多的那个地方开电影院。

结果证明，这个选择简直太对了，这家电影院成了电影公司开设的众多电影院中最火的一家。

做出这种选择的理由是：钱包丢失最多的地方，就是人流量最大、消费活动最旺盛的地方。

这位主管所采用的方法就是侧向思维法。生活中需要解决的某些问题，如果从正面寻找突破口比较困难，那么不妨考虑从侧面去寻找。

上述事例的侧向思维过程其实是这样的：

(1) 目标：最理想的地方——人最多的地方。

(2) 人最多的地方的表现：人头涌动；拥挤；吵吵嚷嚷；容易丢东西。

(3) 去掉其他方面的表现，仅选一个重要的侧面：容易丢东西。

(4) 从哪里才能知道什么地方最容易丢东西——派出所。

这样从侧面顺藤摸瓜地摸下去，问题就有解决的方法了。

下面也是一个巧用侧向思维法的故事：

美国加州的可布尔饮料开发有限公司需要招聘新员工，有一个叫马克尔的年轻人到公司去面试。他在会议室里忐忑不安地等待着。

过了一会儿，一位相貌平常、衣着非常朴素的老者走了进来。马克尔连忙站起来迎接，但是，那位老者只是盯着他看，好长时间眼睛一眨也不眨。正在马克尔被看得莫名其妙、不知所措的时候，这位老人突然一把抓住了马克尔的手大声地叫道："我可找到你了，我终于见到你了！上次要不是你，我的女儿早就没命了！"这是怎么回事？马克尔真是丈二和尚摸不着头脑，因为他从来就没有见过这位老者。

"你不记得了吗？尊敬的先生，上一次，就是在中央公园里，是你呀，就是你把我失足落水的女儿从湖里救出来的！"老人激动得连声说道。对于这种莫名其妙的事情，马克尔自然十分纳闷。当他明白了事情的原委以后，心想原来这位老者错将自己当作他女儿的救命恩人了。他马上诚实地说："老先生，我想您是认错人了，我不是那个救您女儿的人。""是你，是你，一定不会错的！"老人又一次肯定地说。

马克尔面对这位感动不已的老人，只能再三地解释："先生，真的不是我！您说的那个公园，我至今还没有去过呢！"听着马克尔的辩解，老人终于松开了手，失望地望着他说："难道真的是我认错人了？"马克尔安慰老者说："老先生，您别着急，慢慢地找，一定可以找到那位救您女儿的先生的！"后来，马克尔被这家公司聘用了。

有一天，马克尔又遇见了那位老人，便主动上前关切地与他打招呼，并问道："救您女儿的人找到了吗？""没有，我一直没有找到！"这位老人表情木讷地走开了。

马克尔的心情非常沉重。他对公司的一位老员工说起了这件事，不料那位员工哈哈大笑道："你认为这位老先生可怜吗？他是我们公司的总裁！他女儿落水的故事不知讲了多少遍了，事实上，他根本就没有女儿！"

"这是为什么？"马克尔大惑不解。那位员工接着说："我们总裁是通过这种方法来选人才的。他说过，只有品德高尚的人才是可以塑造的人才！"

马克尔工作兢兢业业，不久就成为公司市场开发部的总经理，并且一年就为公司赢得了 350 万美元的利润。当那位可敬的总裁年老退休时，马克尔接替了总裁的位置。

这位老人选拔人才的方法的确很独特，但他却巧妙地运用这种方法选到了值得信赖的人才。在面试的那十几分钟里，应聘者展现出的都是才华横溢的一面，怎样才能在短时间内了解一个人的品质呢？老人通过这样一道小小的考题从侧面考察了一个人的品质是否高尚，使我们不得不为老人思维的灵活而赞叹。

无论是主管为电影院选址，还是老人为公司选拔人才，他们所运用的侧向思维无不体现着创新的光彩。所以，要想提升我们的创新力，学会侧向思维是一个很重要的方法。

侧向思维能让绊脚石变成垫脚石

侧向思维为我们提供了一个崭新的思维视角。当我们在生活与工作中遇到困难或是难以跨越的"坎"时，不妨尝试一下侧向思维，说不定可以将绊脚石变成垫脚石。

美国前总统罗斯福参加竞选时，竞选办公室为他制作了一本宣传册，并发放给记者和选民，为竞选造势。在这本册子里有罗斯福总统的相片和一些竞选信息。

接着成千上万本宣传册被印刷出来。

就在这些宣传册印刷完毕、即将分发的时候，竞选办公室的一名工作人员在做最后的核对时，突然发现了一个问题：宣传册中有一张照片的版权不属于他们，而为某家照相馆所有，他们无权使用。

竞选办公室陷入了恐慌，手册分发在即，已经没有时间再重新印刷了。该怎么办？如果就这样分发出去，无视这个问题，不但那家照相馆很可能会因此索要一笔数额巨大的版权费，而且也会对罗斯福的总统竞选造成负面影响。

于是，有人立刻提出，派一个代表去和照相馆谈判，尽快争取以一个较低的价格购买到这张照片的版权。这是大多数人遇到相同问题时最可能采取的处理方式，也是正面思维常会想到的方式。但竞选办公室选择的却是另一种方式。

他们通知这家照相馆：竞选办公室将在制作的宣传册中放上一幅罗斯福总统的照片，贵照相馆的一张照片也在备选的照片之列。由于有好几家照相馆都在候选名单中，竞选办公室决定将这次宣传机会进行拍卖，出价最高的照相馆将会得到这次机会。

结果，竞选办公室在两天内就接到了该照相馆的投标书和支票。这样，竞选办公室不但摆脱了可能侵权的不利地位，还因此获得了一笔收入。

在这里我们可以发现，竞选办公室采取的方式十分特别，从面临版权问题的正面换到了侧面，即总统竞选的过程同时也是替商家做宣传的过程。这样将主动权掌握在自己手中，让照相馆有求于己，就使绊脚石变成了垫脚石。这样的解决方法比同照相馆进行谈判所获得的结果要好很多。

这种侧向思维的应用就是一种创新。

"横看成岭侧成峰，远近高低各不同。"这些区别正是由于看待问题的视角不同所致。从正面看，是一场危机，从侧面看，却是一个商机；从正面看，前方障碍重重，从侧面看，问题迎刃而解。侧向思维让绊脚石最终变成了垫脚石。

有一位传奇人物运用侧向思维完成了一项令人惊叹的旅行——用 80 美元环游世界。这个人就是名叫罗伯特·克里斯托弗的美国人。

如果让我们完成这个旅行，绝大部分人可能都会摇头，认为这是在开玩笑，因为 80 美元还不够买一张到加拿大的机票。那么，罗伯特是怎样做到的呢？

首先，罗伯特找出一张纸，写下他为用 80 美元环游世界所做的准备：

（1）设法领取到一份可以上船当海员的文件。

（2）去警署申领无犯罪记录证明。

（3）取得 YMCA（美国青年会）的会籍。

（4）考取一个国际驾驶执照，找来一套世界地图。

（5）与一家大公司签订合同，为之提供所经国家和地区的土壤样品。

（6）同一家航空公司签订协议，可免费搭机，但要拍摄照片为公司做宣传。

……

当罗伯特完成上述的准备后，年仅 26 岁的他就在口袋里装好 80 美元，兴致勃勃地开始了自己的旅行。

以下是他旅行的一些经历：

（1）在加拿大巴芬岛的一个小镇用早餐，他不付分文，条件是为厨师拍照。

（2）在爱尔兰，花 48 美元买了 4 条香烟；从巴黎到维也纳，费用是送船长 1 条香烟。

（3）从维也纳到瑞士，列车穿山越岭，只需 4 包香烟。

（4）给伊拉克运输公司的经理和职员摄影，结果免费到达伊朗的德黑兰。

（5）在泰国，由于提供给酒店老板某一地区的资料，受到酒店贵宾式的待遇。

……

最终，通过一个完整而巧妙的计划和众人的帮助，罗伯特实现了他用 80 美元环游世界的梦想。

侧向思维能够使我们的思想维度向更远处发散。从侧面寻找解决问题的方法时，视角能更加广阔，众多的思路有如泉涌般产生。那时，问题不再成为前进的绊脚石，而成为垫脚石。

突破口往往藏在侧面

很多时候，从正面出发并非解决问题最好的途径。选择侧面思维就会发现，问题的突破口往往藏在不被我们重视的侧面。

有这样一个故事：

麦克近来为工作的事情很是发愁，本来他干得好好的，而且他很喜欢现在的工作，但他却在考虑换工作。

原来，麦克的上司是个很难缠的人，自己的能力不高却嫉贤妒能，一直打压属下的发展；对属下的工作要求苛刻，从来不提供任何帮助，也从来不向老板说一句员工的好话。部门的员工都不喜欢他，但是为了工作，又不得不与他共事。上个月又有两名业务骨干跳槽走了。麦克已经是部门业务能力最强的人了，但向上发展的希望很渺茫。走还是留？麦克陷入了矛盾中。

当妻子看到愁容满面的麦克时，询问他是否身体不舒服，麦克便将自己的苦恼告诉了妻子。

妻子听了后，笑着说："为什么非要陷在这种痛苦的选择中呢？按照我说的方法，把自己解脱出来吧！"随后给他出了一个主意。

几天后，麦克兴高采烈地回到家中。他给了妻子一个热烈的吻，告诉妻子，自己被提升为部门经理了！

原来，妻子给他出的主意是：将上司的材料提供给猎头公司。两天后上司就接到了猎头公司的电话，之后便欢欢喜喜地跳槽走了，空出的职位自然非麦克莫属了。

从侧面寻找突破口，体现的是一种智慧、一种创新的思维方式。它告诉我们，在遇到困难时不必受传统思维所限，而应将自己的思路打开，从另一个角度或者侧面寻找解决办法，这样没准会取得意想不到的成功。

运用侧向思维法可以帮助我们轻而易举地从侧面寻找到问题的突破口。下面故事中法国国王向百姓推广土豆的种植便运用这一方法，取得了意想不到的好效果。

土豆最初被引入欧洲时并不被百姓认同。法国国王想尽了办法来宣传土豆的优点：高产、耐旱、省肥、抗病虫害、营养丰富、便于储藏，等等，可以说使出了浑身解数，但结果无效，百姓仍对其敬而远之。

后来，有个小官向国王献计：由国王下令在一片空地上种植土豆，并且在白天派兵看守，晚上再将守兵撤去。这一下激发了百姓们浓厚的兴趣，大家都在猜测这究竟是什么好东西，竟然需要卫兵来看守！于是，几个胆子大的人晚上将土豆偷来种在自家地里。这样，偷种的农家越来越多，土豆也就在法兰西的田野上很快推广开了。

当正面的努力难以取得进展时，不妨从侧面进行旁敲侧击，找到问题的突破口。这种方法也可以用于语言交际中，当双方的对话陷入尴尬境地时，可以从侧面刺激对方与我们交流，以便掌握更多的信息，在谈话中占据优势。

下面这个推销员的做法就堪称经典。

有一个推销员上门推销化妆品。

"不好意思，我们目前没有钱。等我有钱了再买，你看行吗？"女主人客气地拒绝了。

这时，推销员突然发现她家门厅里有一只女用高尔夫球袋。推销员立刻计上心头，话锋一转，说道："这球袋是您的吗？"

"是啊！"

"呵，您的球袋真漂亮。"

"噢，这是我去年到欧洲旅游时在巴黎买的。"

"您是高尔夫球的爱好者呀！"

"是啊，为此我花了不少钱。"

"对啊，打高尔夫球是富人们的娱乐活动。"

"你说得很对，在国外，高尔夫球是上层社会人士喜爱的高级娱乐。"

当这位太太眉飞色舞地谈论时，推销员不失时机地说："是的，这种化妆品不是便宜货，确实是贵了一点，所以用它的女士都是高收入者。而且，使用这种化妆品就如打高尔夫球一样，能显示您的身份！"

这句话正好说中这位太太的心理，为了不丢掉自己的面子，她无法再说出"没钱"的借口了。

侧向思维就是这么奇妙，几句简单的话、几个简单的举动、几点小小的细节，都可以被我们加以利用，旁敲侧击一番，仔细推敲几次，便可以找到问题的根源。它为我们的行动提供了一种极富成效和创新精神的指导。

经常培养自己的侧向思维能力，就可以逐步提升创新力。

从他人的观点中发现创新的亮点

一个人可以很聪明，有很多创新点子，但他不能保证灵感时刻源源不断。这时我们就要学会借助别人的智慧，从他人的观点中发现创新的亮点。

侧向思维法告诉我们，当遇到困难时可以从侧向寻求突破。其实，听取他人的建议也是从侧向解决问题的一种有效方式。我们常说："当局者迷，旁观者清。"他人站在局外，往往可以为我们提供更有建设性的意见。适当地吸收他们的观点，可以帮助我们达到事半功倍的良好效果。

有一个年轻人想独立创业，决定开一家服装店。母亲知道他这个创业计划后，对他说："你叔叔以前做过好多年生意，现在不做了，但经验还在。你不如去请他传授传授。"

年轻人心想，叔叔做生意都是几年前的事了，他那点老经验拿到网络时代来用只怕过时得太久了。他决定按自己的思路做事。

年轻人租了一个临街的门面，周围只有几家食品店和百货店。他想，在这儿开服装店没有竞争对手，生意肯定错不了。没想到，开业后他的生意十分冷清，别说买主，连进来瞧一瞧的人都很少。母亲替他请来叔叔，帮忙看看生意不景气的原因。叔叔看了一眼就说："你这地方开服装店不行，周围一家服装店也没有，不招客。"

年轻人奇怪地问："为什么？"

叔叔答道："你的店面小，花色品种有限，对顾客的吸引力不大，再加上没有竞争对手，价格没有比较，顾客怎会愿意来呢？"

年轻人心想：看来叔叔的经验还没有完全过时，说得还是很有道理的。既然这地方"风水不好"，那就只好关门大吉。后来，他在叔叔的指点下，在另一个地点新开了一家服装店。这回他的生意做得很不错，现在已扩大成服装超市了。

许多人对于向他人征求意见心存顾虑，认为对方的水平还不如自己，又怎么会提供好的观点呢？其实不是这样，好主意常常装在一个看起来不如自己的人的脑袋里。

决策者的思考模式固然十分高明，他们的主意的确比较多，对大局的掌握也比一般人清楚，可是那些来自最基层民众的具体问题和想法或许更有参考价值。

所以，为了使决策更科学、更切合实际，决策者有必要倾听来自基层的意见——别看某个工人整天坐在机床前闷头干活，像一台没有思想的机器，说不定他的脑袋里就装着一个意想不到的好主意呢！

美国"石油大王"盖蒂买了一块石油藏量极丰富的地，可是它太小了，并且夹在别人的地中间，只有一条极狭窄的通道通向外面，根本无法修一条铁路运送笨重的钻井设备。眼看别人的钻井都竖起来了，盖蒂仍一筹莫展，只好去向工人讨主意。一位老工人说："也许可以定制一套小型设备，建一座小型钻井，这样可以降低运输难度。"盖蒂心里一亮：既然可以定制一套小型设备，为什么不可以修一条较窄的铁路呢？结果，这个超常规的主意解决了盖蒂的难题。他在这块地上竖起了油井，赚得几百万美元。

正因为基层工人经常能想到高层管理人员想不到的好主意，所以，国外众多优秀公司特别重视疏通从高层到低层的沟通渠道，使各种好主意和好建议尽快地变成公司的政策。比如，有的公司实行走动式办公，要求各级管理人员随时跟下属接触，最高首脑也经常下基层巡视，与最底层工人交流。有的公司根本不为中下级管理人员设立办公室，要求他们经常跟普通工人在一起。有的公司实行"敞门式"办公，任何一级员工都可随时走进总经理的办公室反映情况。有的公司召开决策会议时，邀请工人代表参加。无论采取什么方法，他们的目的都是：听到基层工人的意见。

从他人观点中发现闪光点，是侧向思维法在生活中的应用。每个人的思维模式都不相同，对问题都有自己独特的看法。倾听他人的观点，就能知道许多跟自己不一样的思考方法，而且其中一定有值得自己借鉴的东西，从而使自己获得创新的亮点。

第 8 节 简单思维：
创新没有想象中的复杂

简单思维是一种智慧。它告诉我们不要将简单的事情复杂化，删繁就简才是创新的良方。简单思维能给我们的创新提供一种绝妙的方法，"快刀斩乱麻"式的简单思维在帮我们快捷解决问题的同时，也在提升我们的创新力。简单思维是创新者必备的思维素养之一。

简单思维就是要删繁就简

法国昆虫学家法布尔说："简单便是聪明，复杂便是愚蠢。"意思是说，我们在处理问题时要善于运用简单思维。

简单思维就是将复杂的事情简单化，亦即删繁就简。这是创新者必备的思维素养之一。

科学发展的过程，实际上也是一个不断简化的过程。在许多发展创新的过程中，无论是一个产品、一种技术，还是一项课题，简化都是一个突破的方向。

20 世纪前 20 年，驱动汽车的新型发动机一直沿用往复活塞式内燃机，其结构的主体构件为曲柄滑块结构以及进、排气阀门结构。20 世纪 50 年代，德国工程师沃克尔设计出一种旋转活塞式发动机，只有两个运动构件，即三角形转子和通往齿轮箱的曲轴。它需要一个汽化器和若干个火花塞以及复杂的阀门控制机构，从而使该发动机的重量比传统发动机轻 1/4，而且价格便宜。

作为一种创造技法，删繁就简在我国得到推广应用。将陈旧的和无足轻重的部件去掉，使之功能鲜明、结构精悍、性能优化，这是发明创造的一条捷径。我国发明家张文海认为，补偿方法需要简化，由此发明了"旋转变压器快速最佳补偿"；多极旋转变压器机械理论角的计算需要简化，由此发明了"多极旋转变压器机械理论角的简化计算"；零点标记打点需要简化，由此发明了"旋转变压器零位标记的简易光刻"。

张文海运用简化原则，在一个领域"连砍三刀"，进行推陈出新的发明实践，显示了删繁就简的作用和成效。

英国著名哲学家威廉·奥卡姆也发现了删繁就简的奥秘，倡导运用"奥卡姆剃刀"去标新立异。所谓"奥卡姆剃刀"，是指他的格言："如无必要，勿增实体。"其含义是，只承认一个确实存在的东西，凡干扰这一具体存在的空洞的概念都是无用的废话，应当将其取消。这一似乎偏激独断的思维方式，被称为"奥卡姆剃刀"。

"奥卡姆剃刀"体现的是简单思维。从方法论角度出发，其实质就是舍弃一切复杂的表象，直指问题的本质。"奥卡姆剃刀"原则在逻辑学中又被称为"经济原则"。根据这一原则，对任何事物的解释通常是"最简单的"，而不是"最复杂的"。这就像音响没有声音，我们总是会先看看是不是电源没有接好，而不会马上就将音响拆开检查是否哪个线路坏了一样。

许多年来，一个又一个伟大的科学家磨砺着这把"剃刀"，使之日见锋利，终于成为科学思维的出发点之一。凡善于使用这把"剃刀"的科学家，如哥白尼、牛顿、爱因斯坦等，都在"削"去理论或客观事实上的累赘之后，"剃"出了精练得无法再精练的科学结论。

"奥卡姆剃刀"作为人们创新的一种思维武器，受到大数学家罗素的高度评价，被认为在逻辑分析中是一项卓有成效的原则。后来爱因斯坦又将其引申为简单性原则。爱因斯坦是运用简单性原则的大师，其相对论的构造很简单，但对自然规律的揭示很精深。

"奥卡姆剃刀"剃掉的是思维杂质，产生的是创新成果，留下的是简洁精美。如爱因斯坦的质能方程 $E=mc^2$，既简单明了，又揭示了某种规律。正如达尔文在《自传》中写道："我的智慧变成了一种把大量个别事实化为一般规律的机制。"

删繁就简简化了事物的现象，揭示了事物的本质，反映了事物的规律，浓缩了事物的精华，使人们的认识由表及里、由此及彼、不断提高。运用删繁就简的简化原则，不仅能揭示事物的自然规律，而且能让我们迅速把握住创新的机会。

简单的往往是绝妙的

许多时候，人们习惯将创新想得复杂且高深，这不仅成为没有创新成就的借口，而且为自身找到了一个标榜自己的机会。因为在大多数人的认识中，"复杂且高深"的创新难题必定有一个与之匹配的复杂的解答方法。所以人们往往把目标集中在那些复杂的解题方法上，而忽视简单的创新方法。

简单思维是创新必不可少的一种思维方法，简单的未必是最好的，但有时候却是绝妙的。

相信下面这个故事能够使你体会到"简单的往往是绝妙的"这句话的深意。

有一个制帽学徒，学成以后，他准备自开一家小店。开店的第一件事便是要制作一个漂亮的招牌，写上合适的广告词。于是，他拟了这样的话："制帽商约翰·汤普森，制造并收现钱出售帽子。"然后在文字下面画了一顶帽子。

他征求朋友们的意见，以便修改完善，让他的广告更响亮，生意更好。

第一位朋友看了后，认为"制帽商"与后面的"制造"重复。于是，约翰将"制帽商"删去。

第二位朋友说："'制造'一词也可以去掉。如果我是顾客，我才不关心帽子是谁做的。只要帽子合适、质量好，我就会购买。"于是，约翰又将"制造并"三字删去。

他又请教了第三位朋友，朋友给出的建议是："收现钱"三字毫无意义，因为当地并无赊卖的习俗，因而这三个字又被删除。这样，就只剩下"约翰·汤普森出售帽子"。

"出售帽子！"又一位朋友看到了这句广告，说："并没有人认为你会白送呀！肯定是出钱买帽子的，'出售'二字没有任何意义。"于是，"出售"二字也被删去。

最后，约翰干脆把"帽子"二字也删掉了。因为广告牌上已经画了一顶帽子，何必画蛇添足呢？结果，招牌只剩"约翰·汤普森"几个字，底下画着一顶帽子。

这个简单的广告招牌，为这家帽店带来了许多生意。因为它的店名简单易记，许多顾客口口相传，不久就成了知名的商店，店的规模也扩大了。

因为简单，所以人们都记住了这个店名。虽然简单，但是绝妙，给人留下了深刻的印象。

过去我们依赖解决问题的复杂方法有其合理的地方，但在某些时候，简单的方法恰恰是解决问题最绝妙的方法。

简单的思维是一种智慧，简单的思维是一种精明，它反映出思维的灵活和敏捷。将简单的思维贯穿于创新难题的处理中，常常能起到许多意想不到的效果，而且人们一经领悟后，会由衷地叹服其绝妙。

并且，许多创新既不需要太复杂的过程，也不必有太多的顾虑，因为绝妙常常存在于简单之中。

艾柯卡让克莱斯勒汽车公司引进敞篷车的故事就体现了简单思维的绝妙运用。

克莱斯勒的总裁艾柯卡有一天在底特律郊区开车时，从他旁边驶过一辆野马牌敞篷车。那正是克莱斯勒缺乏的、艾柯卡心想的一辆敞篷车。

他回到办公室以后，马上打电话向工程部的主管询问敞篷车的生产周期。"一般来说，生产周期要5年。"主管回答，"不过如果赶一点，3年内就会有第一辆敞篷车了。"

"你不懂我的意思，"艾柯卡说，"我今天就要！叫人带一辆新车到工厂去，把车顶拿掉，换一个敞篷盖上去。"

结果艾柯卡在当天下班前看到了那辆改装的车子。一直到周末，他都开着那辆"敞篷车"上街，而且发现看到的人都很喜欢。第二个星期，一辆克莱斯勒的敞篷车就上设计图了。

对于汽车制造，工程师要比艾柯卡更为专业。然而，他们无论如何也想不到敞篷车可以这样简单地完成。用简单的方法解决复杂的问题，这便是简单思维的绝妙乐趣。

绝妙常常存在于简单之中。学会运用简单思维，跳出复杂的问题陷阱，就可以尽情享受简单带来的创新成就。

不要将简单的事情复杂化

有这样一个故事：

一家著名的日用品公司换了一条全新的包装流水线，但是之后却连连收到用户的投诉，抱怨买来的香皂盒子里是空的，没有香皂。这立刻引起了这家公司的注意，并立即着手解决这个问题。一开始公司准备在装配线一头用人工检查，但因为效率低且不保险而被否定了。这可难住了管理者，怎么办？后来，一个由自动化、机械、机电一体化等专业的博士组成的专业小组解决了这个问题。他们在装配线的头上开发了全自动的 X 光透射检查线，透射检查所有在装配线尽头等待装箱的香皂盒，如果有空的就用机械臂取走。

同样的问题发生在另一家小公司。老板吩咐流水线上的小工务必想出对策解决问题。一名小工采取的办法是：申请买一台强力工业用电扇，放在装配线的头上去吹每个香皂盒，被吹走的便是没放香皂的空盒。

同样的问题，一个花了大力气、大本钱安装了 X 透视装备，一个用简单的电风扇吹走空的香皂盒，不同的方法解决了一样的问题。或许有人认为小工想到的用风扇吹走空香皂盒的方法太简单，没有技术含量，但它是一种创新，而且达到了目的，解决了问题。这样的方法更简单易行、更省时省力省钱，比花钱研制 X 透视装备的创新更富实用性。简单思维就是这样，它要求我们简单地看待问题。在一些时候，我们不必要将简单的事情复杂化。

本来一件简单的事，几经反复，就变得复杂起来。而复杂的思路不但不利于问题的解决，反而会使解决问题的人陷入复杂的怪圈中。

下面的两个故事也颇有启发意义。

怎样才能使洗衣机洗后的衣服不沾上小棉团之类的东西呢？这曾经是一个令科技人员大感棘手的难题。他们提出过一些有效的办法，但大都比较复杂，需要增添不少设备。而增添设备就要既增加洗衣机的体积和使用的复杂程度，又要提高洗衣机的成本和价格，令人感到为解决这么一个问题未免得不偿失。

日本有一位名叫笕绍喜美贺的家庭妇女也碰到了同样的情况。能不能自己想个办法解决呢？有一天，她突然想起幼年时在农村山冈上捕捉蜻蜓的情景。联想到洗衣机，小网可以网住蜻蜓，那洗衣机中放一个小网不是也可以网住小棉团一类的杂物吗？许多科技人员都认为这样的想法太缺乏科学头脑，未免把科技上的问题想得太简单了。而笕绍喜美贺没管这些，她用了 3 年时间不断试验，终于获得了满意的效果。

一个小小的网兜构造简单，使用方便，成本低廉，完全符合实用发明的一切条件，投入市场后大受欢迎。很快，世界上很多洗衣机厂商都采用了这一最简单却又最实用的发明。笤绍喜美贺发明的这种洗衣机小网兜，专利期限为 15 年。仅在日本，她就获得了高达 1 亿 5 千万日元的专利费。

餐桌上，七八个汉子为打开一个恼人的酒瓶塞几乎败了酒兴。那个软木塞非但起不出，反而朝瓶内陷下去半厘米。有人提出用剪刀挑，有人否定，认为木质疏松，不易成功；有人提出用一只螺丝钉旋进木塞，然后用力拔出，还是有人否定，认为即使稍微朝下用点力，木塞也会掉进瓶内；又有人认为最好的办法是用锥子对着木塞朝瓶颈壁的方向用劲插入，然后将木塞随锥子一起拔出，但大家说主意虽好，可惜眼前找不到锥子。

最终折腾的结果是软木塞非但没有取出，反而掉进了酒瓶内。几个人在一片惋惜中发现了事情的结果——酒能倒出来了。

在走了许多弯路之后，人们发现原来最不看好、最不愿意走的那条路竟是最好的路。很多事情本来很简单，却由于我们不能很好地运用简单思维，反而使事情变得复杂。

所以，在解决创新难题的时候，我们要时常问自己："它有那么复杂吗？有更简单点的方法吗？"

用好简单思维这把"快刀"

中国有一句俗话，叫作"快刀斩乱麻"，它指的是面对复杂的问题时，我们可以用"快刀"这种最简单的工具去解决。"快刀斩乱麻"是简单思维的一种运用，用好简单思维这把"快刀"，往往能收获一种创新方法。

爱迪生有位叫阿普顿的助手，出身名门，是大学的高才生。在那个门第观念很重的年代，阿普顿对小时候以卖报为生、自学成才的爱迪生很有些不以为然。

一天，爱迪生安排他做一个计算梨形灯泡容积的工作。他一会儿拿标尺测量，一会儿计算。几个小时后，爱迪生进来了，问阿普顿是否已计算好。满头大汗的阿普顿忙说："快好了，就快好了。"爱迪生看到稿纸上复杂的公式，明白了怎么回事。他拿起灯泡，向灯泡内倒满水，递给阿普顿说："你去把玻璃泡里的水倒入量杯，就会得出我们所需要的答案。"

阿普顿这才恍然大悟："哎呀，原来这样简单！"从此，他对爱迪生产生了深深的敬意。

爱迪生只是将思维进行了一下转换，问题就变得简单多了。看，简单思维这把"快刀"竟然具有这么大的魅力！

许多创新题目看似复杂，其实并不然。之所以有许多事情显得那么复杂，或许正是因为人们缺乏简单的思维。尝试用简单思维解决问题，你一定会找到轻松而又绝妙的创新方法。

1952 年，日本东芝电器公司积压了大量电扇销不出去。公司 7 万多名员工为打开销路想尽了一切办法，但是仍然进展不大。最后，公司董事长石坂先生宣布，谁能让公司走出困境、打开销路，就把公司 10% 的股份给他。这时，一个基层的小职员向石坂先生提出："为什么我们的电扇不可以是其他颜色的呢？"石坂特别重视这位小职员的建议，竟为这个建议开了董事会专门讨论，最后董事会决定采纳这个建议。第二年的夏天，东芝公司就推出了一系列的彩色电扇。这批电扇一上市，就立刻在市场上掀起了一阵抢购热潮，3 个月之内就卖出了几十万台。从此以后，在世界的任何地方，电扇就再也不是一副黑色的面孔了。

一个简单的建议便扭转了极度的困境，从中我们可以发现，简单思维这把"快刀"是多么的美妙。另外，简单思维还具有转危为安、化险为夷的神奇本领。下面便是一个经典的案例。

1988 年 10 月 27 日，秘鲁的一艘潜水艇在海上被一艘日本商船撞沉。船长及其他 6 人死亡，24 人逃离险境，还有 22 人随潜艇渐渐下沉。大家推举老船员詹特斯为临时船长，研究逃生办法。时间一分一秒地过去，有些人绝望了。詹特斯决定冒险——用发射鱼雷的方法将人一个个地发射出去。然而，这样做太危险了，人被发射后要承受巨大的压力，弄不好还要留下终生难以治愈的"沉箱病"。这时潜艇已沉入海中 33 米，把人射出海面需要 3 秒，不能再犹豫了。詹特斯告诉大家进入鱼雷弹道口前，尽量把肺内的空气排净，否则肺会像气球一样在发射中爆炸。结果，这 22 人中除一人脑出血外，都安全地返回了海面，死里逃生。

以上事例都足以说明简单思维的巨大威力，只要善于使用这把"快刀"，许多困境中的问题都会迎刃而解。

用好简单思维这把"快刀"，我们就能找到一种解决问题的新方法，找到一种提升创新力的新方式。

第9节 灵感思维：
捕捉转瞬即逝的创意火花

灵感是我们头脑中普遍存在的一种思维现象，它也是一种人人都能够自觉加以利用的创新思维方法。灵感可以催生科学发现和发明，实现创新。灵感可以受他物启示而得，也可由梦境顿悟而得，还可由直觉而得。灵感来去匆匆，稍纵即逝。我们要学会"抓拍"灵感，从而实现灵感创新。

灵感可以催生科学发现和发明

2000 多年前，古希腊希洛王请人制造了一顶纯金皇冠，但他怀疑制造者掺了白银。由于皇冠重量与原先国王交给的黄金重量相等，因此拿不出证据，于是便请阿基米德鉴定。

由于皇冠的形状极不规则，阿基米德在接受这个任务后冥思苦想了几天，也一无所获。

有一天，阿基米德躺入澡盆洗澡时，由于澡盆中水加得太满，所以溢出了一些。

为皇冠问题困扰多日的阿基米德豁然开朗：因为一定重量银的体积比同重量的黄金要大，如果皇冠中掺了白银，那么它排出的水肯定比同重量黄金排出的水多！

想到这里，阿基米德跳出澡盆，赤身裸体向王宫奔去，边跑边喊："找到了！我找到了……"

于是，科学界多了个阿基米德定律。

阿基米德找到了什么？就是灵感！

所谓灵感，指的是当人们研究某个问题的时候，并没有像通常那样运用逻辑推理，一步一步地由未知达到已知，而是一步到位，直接抓住事物现象的本质。至于这个想法是怎样来到的，说不清楚，"反正是一下子想到的"！

灵感是一位不速之客。我们可以在任意时刻有意识地运用其他思维方法，却不能规定自己在哪一天哪一时刻产生灵感。当你翘首企盼时，它杳如黄鹤；当你毫无准备时，它可能翩然而至。灵感就像诗句里被苦苦寻找的"伊人"：众里寻他千百度，蓦然回首，那人却在灯火阑珊处。

很多人善于抓住稍纵即逝的灵感，因而成就了很多科学发明。灵感思维方法在科学研究和发明中的作用很大，有关这方面的事例不胜枚举。因此，灵感思维对于科学发现和发明来说，有如火花、催化剂一样，不断地催生一批又一批的发明成果。

下面，我们来看看灵感思维是怎么帮助发明大王诺贝尔发明安全炸药的。

早在诺贝尔之前，意大利一位著名的教授就在 1984 年发明了制造炸药的原料——硝化甘油。但是，因为它的稳定性太差，稍微受到震动就会发生爆炸，因此很难应用到实际生活和生产当中。

诺贝尔年轻的时候就表现出了化学才能，他继续研究液体炸药硝化甘油，希望把它应用在矿山和隧道的施工中。但是硝化甘油爆炸性太强，在试验中多次发生爆炸，他最小的弟弟埃米尔和他的 4 个助手都被炸死了。因此瑞典政府禁止他重建被炸毁的工厂。于是，他被迫到湖面上的一艘船上进行试验，以寻求减少硝化甘油因为震动而发生爆炸的方法。

有一天，他从火车上搬下装有硝化甘油的铁桶时发现，滴落在沙地上的硝化甘油立即被沙子吸收了。他感到很奇怪，于是用脚去踩碾那吸附了硝化甘油的沙子，发现硝化甘油凝固在沙子里，而未见其爆炸。于是，他欣喜若狂地喊："我找到了！"后来，他继续研究，以硅藻土做吸附剂，使这种混合物得以安全运输。在此基础上，他又发明了改进的黄色炸药和雷管。

灵感可以促使新发现与发明的产生，能让我们创新，因而成为大家欢迎的贵客。但是，它却只喜欢拜访勤奋的人。

俄国画家列宾说："灵感是对艰苦劳动的奖赏。"

德国哲学家黑格尔说："最大的天才尽管朝朝暮暮躺在青草地上，让微风吹来，眼望着天空，温柔的灵感也始终不会光顾他。"

伟大的音乐家柴可夫斯基也说："毫无疑问，甚至最伟大的音乐天才，有时也会被缺乏灵感所苦恼。灵感是一个客人，不是一请就到的。在这当中，就必须要工作，一个真正的艺术家绝不能交叉着手坐在那里……必须抓得很紧，有信心，那么灵感一定会来。"

因此，我们要获得灵感，就必须勤学苦练，绝对不能坐在那里消极等待。

别以为灵感只属于学识渊博的科学家和艺术家，其实只要努力，普通人也同样能得到它。

我国有一位五年级的小学生方黎，看到普通的篮球架只有一个球篮，而且高度是固定的，使用起来很不方便。她想设计一种"多用升降篮球架"：一个球架上安装四个篮圈，并且可以升高降低，使更多的同学包括低年级的同学能够同时练习投篮。在这项发明中，她就是看到妈妈调节落地风扇的高度突然受到启发，想出了使篮球架随意升降的办法。

每个人的头脑中都会产生灵感，但并非每个人都能够及时地把握住突发的灵感。这除了需要我们有创新的激情与勤奋努力外，还需要有高度集中的注意力。只有专注才能抓住转瞬即逝的灵感，并将它运用到创新之中。

因受启示而突发灵感

很多时候灵感不是凭空产生的，而是通过其他事物的启示而得到的。这种由于受到别人或某种事件或现象的启示从而激发创新思维的灵感，叫启示型灵感。

一家化学实验室里，一位实验员正在向一个大玻璃水槽里注水。水流很急，不一会儿就灌得差不多了。那位实验员去关水龙头，可万万没有想到的是，水龙头坏了，怎么也关不住。如果再过半分钟，水就会溢出水槽，流到工作台上。水如果浸到工作台上的仪器，便会立即引起爆裂，因为里面有正在起着化学反应的药品，一遇到空气就会突然燃烧，几秒钟之内就能让整个实验室变成一片火海。实验员们面对这一可怕的情景惊恐万分，他们知道谁也不可能从这个实验室里逃出去。那位实验员一边堵住水嘴，一边绝望地大声叫喊起来。实验室里一片沉寂，死神正一步一步地向他们靠近。

就在这时，一名女实验员突然想到这种场景与"司马光砸缸"很是相似，便将手中捣药用的瓷研杵猛地投进玻璃水槽里。"叭"的一声，水槽底部砸开了一个大洞，水直泻而下，实验室转危为安。

启示型灵感是根据事物之间的相似性得到的。此外，如科研人员从科幻作家儒勒·凡尔纳描绘的"机器岛"原形得到启示，产生了研制潜水艇的设想，并获得成功，也是得益于这种启示。

这种启示来得突然，有时候需要我们赶紧付诸行动才能产生灵感。有时候它又像一个火种，需要我们用知识去点燃。

19 世纪 20 年代，英国要在泰晤士河修建世界上第一条水下隧道，但在松软多水的岩层挖隧道很容易塌方。一位工程师正为此发愁，无意中看见一只小小的昆虫在它外壳的保护下，钻进了坚硬的橡树树身。这一情景引发了工程师的灵感：可不可以采用小虫子的办法呢？于是，他决定改变传统的先挖掘、再支护的施工办法，而是先将一个空心钢柱体（构盾）打入岩层之中，然后再在这构盾下施工，这样就安全得多了。

工程师受小小昆虫的启发解决了英国水下施工的一个大难题。

如果这个工程师没有关于隧道的足够知识，那么昆虫的启示再好，对工程师也是不起作用的。所以，要想启示起作用，必须拥有某项技术或产品的研究和开发的专业知识。

能启示一个人灵感的机会很多，怎样才能抓住它们呢？唯一的办法就是不轻易放过每一个对你有用的现象。

一位美国新泽西州卡姆典应用研究实验所的科学家，有一天要到河里去钓鱼。到河畔时，他看见一只青蛙静伏在石头上。这是很平常的现象，但他却像着了魔似的注意看它。他看见小昆虫飞来时，青蛙伸出长舌巧妙地捕食小虫。

"为什么动作这样敏捷呢？"他心里想。从此以后，他用整整两年时间解剖青蛙的眼睛和脑，研究其筋肉的功能，结果发现青蛙的眼睛和人类的眼睛有很大的差异。

研究所根据他的发现，制造了相当于青蛙视网膜和神经的电子工学仪器，创造了人造青蛙眼睛。

完成的人造青蛙眼睛重量约几千克，美国空军以 20 万美元的价格买下了它。它成为比雷达更能正确地捕捉以 16000 千米时速飞来的导弹的探测装置的基础。

如果这位工程师放过那只青蛙捕食的现象，那么他就不可能发明人造青蛙眼睛了。

启示型灵感总会使我们有许多发现，但是某一事物对我们能够有所启示，是因为我们深刻地理解了它的内涵，掌握了它的规律。这也就要求我们在学习某方面知识时认真思考，深度挖掘它的本质。也许这些知识对目前的学习和工作没有带来大的改善，但是日后它也许会成为某项创造性发明的灵感源泉。

梦境获得顿悟

做梦是获得灵感的一种方法，在清醒时我们绞尽脑汁解决不了的创新难题，在梦境中或许会让我们顿悟。

梦境顿悟是灵感的一种，这种灵感可以从梦中情景获得有益的"答案"，从而帮助我们创新，推动创造的进程。

宋朝许彦周在《诗话》中曾说："梦中赋诗，往往有之。"我国古代的许多诗人、文学家都有梦中赋诗、改诗、作文、评句的记载。

传说司马相如要给汉武帝献赋，可是不知献什么好。夜里他梦见一位黄胡须的老者对他说："可为《大人赋》。"司马相如醒后，真的按梦中所示，献上《大人赋》，结果受到了汉武帝的赏赐。

宋朝诗人陆游以《记梦》、《梦中作》为题的诗稿，在其全集中多达90余首。其中有一首诗的题目是：《五月十一日夜且半，梦从大驾亲征，尽复汉唐故地，见城邑人物繁丽，云西凉府也喜甚，马上作长句，未终篇而觉，乃足成之》。从这首诗的题目中，我们便可以看出他是如何在梦中吟诗作赋、进行文学创作的。

苏东坡在梦中也多有佳作产生，仅《东坡志林》一书就记载着他在梦中作诗作文的许多材料。例如"苏轼梦见参寥诗"、"苏轼梦赋《裙带词》"、"苏轼梦中作祭文"、"苏轼梦中作靴铭"，等等。

不仅文学创作如此，很多发明创造的诞生亦是得益于梦境顿悟。

美国宾夕法尼亚大学的希尔普雷西特是楔形文字的破译者。他在自己的自传中写道：

到了半夜，我觉得全身疲乏极了！于是，我上床睡觉，不久就睡熟了。

朦胧之中，我做了一个很奇异的梦——一个高高瘦瘦的、大约 40 来岁的人，穿着简单的袈裟，很像是古代尼泊尔的僧侣，将我带至寺院东南侧的一座宝物库。然后我们一起进入一间天窗开得很低的小房间，房间里有一个很大的木箱子和一些散放在地上的玛瑙及琉璃的碎片。

突然，这位僧侣对我说："你在 22 页和 26 页分别发表的两篇文章里所提到的有关刻有文字的指环，实际上它并不是指环，它有着这样一段历史：某次，克里加路斯王（约公元前 1300 年）送了一些玛瑙、琉璃制的东西，还有上面刻有文字的玛瑙奉献筒给贝鲁的寺院。不久，寺院突然接到一道命令：限时为尼尼布神像打造一对玛瑙耳环。当时，寺院中根本没有现成的材料，所以僧侣们觉得非常困难。为了完成使命，在不得已的情况下，他们只好将奉献筒切割成三段。因此，每一段上面各有原来文章的一部分。开始的两段被做成了神像的耳环，而一直困扰你的那两个破片，实际上就是奉献筒上的某一部分。如果你仔细地把两个破片拼在一起，就能够证实我的话了。"

僧侣说完以后就不见了。这个时候，我也从梦中惊醒过来。为了避免遗忘，我把梦到的细节一五一十地说给妻子听。第二天一早，我以梦中僧侣所说的那一段话作为线索，再去检验破片。结果很惊奇地发现，梦中所见到的细节都得到了证实。

俄国化学家门捷列夫为探求化学元素之间的规律，研究和思考了很长的时间，却未取得突破。他把一切都想好了，就是排不出周期表来。为此他连续三天三夜坐在办公桌旁苦苦思索，试图将自己的成果制成周期表，可是没有成功。大概是太劳累的缘故，他倒在桌旁呼呼大睡，想不到睡梦中各种元素在表中都按它们应占的位置排好了。一觉醒来，门捷列夫立即将梦中得到的周期表写在一张小纸上，后来发现这个周期表只有一处需要修正。他风趣地说："让我们带着要解决的问题去做梦吧！"

为什么在清醒状态下百思不得其解的问题，在梦中却会得到创造性的启示呢？其实，这并非什么奇异现象。当个体处于睡眠状态时，并不等于机体绝对静止，它的新陈代谢过程仍在缓慢进行。此时的思维活动不但在进行，而且超越了白天清醒状态缠绕于头脑中的"可能与不可能"、"合理与不合理"、"逻辑与非逻辑"的界限，进入一个超越理性、横跨时空的自由自在的思维状态，从而使我们获得了创新的灵感。

捕捉思维中的灵感闪电——直觉

灵感与人的直觉是密不可分的。直觉是人的先天能力，它是在无意识状态下，从整体上迅速发现事物本质属性的一种思维方法。直觉不是经过渐进的、缜密的逻辑推理得来的，而是一种思维的断层和跳跃。它往往可以成为创意的源泉，被人们称为"第六感"。现实生活中，很多人其实都是靠直觉处理事情的，也就是我们所说的"预感"。只是我们时常忽视它，把它当作非理性的事物。

假如我们能够认识到直觉是人类另一个认知系统，是和逻辑推理并行的一种能力，或许我们比较能够接受直觉的存在。

直觉较为丰富的人具有以下特点：相信超感应；曾有过事前预测某事的经验；碰到重大问题，内心会有强烈的触动，所做的事大都是凭感觉做的；早在别人发现问题前就觉得该问题存在；曾梦到问题的解决办法；总是很幸运地做成看似不可能的事；在大家都支持一个观念时，能够持反对意见却又找不到原因，等等。

直觉是成就创新的一种灵感，在艺术创作和科学活动中，几乎处处都有直觉留下的痕迹。

马兹马尼扬曾对 60 名杰出的歌剧和话剧演员、音乐指挥、导演和剧作家们的创作进行了研究，结果这些人都谈到直觉思维在他们的创作过程中发挥过积极的作用。

居里夫人在镭的原子量被测定出来前 4 年就已预感到它的存在，并提议将其命名为镭。诺贝尔奖获得者丁肇中教授也写道："1972 年，我感到很可能存在许多具有光特性又比较重的粒子，然而理论上并没有预言这些粒子的存在。我直观上感到没有理由认为重光子一定要比质子轻。后来经过实验，果然发现了震动物理界的 J 粒子。"

1908 年的一天，日本东京帝国大学化学教授池田菊苗正坐在餐桌旁，品味着贤惠的妻子为他准备的晚餐。餐桌上摆满了各种各样的菜肴。教授吃吃这个，尝尝那个，然后拿起汤匙喝了口妻子特意为他做的海带汤。

刚喝了一口，池田菊苗教授即面露惊异之色，因为他发现海带汤太鲜美了。直觉告诉池田菊苗，这种汤中肯定含有一种特殊的鲜味物质。于是，教授取来许多海带，进行了一系列化学分析。经过半年多的努力，他终于从 10 千克海带中提炼出了 2 克谷氨酸钠，把它放进菜肴里，鲜味果然大大提高了。池田菊苗便将这种鲜味物质定名为"味の素"（即味之素），也就是我们所说的味精。

直觉在发明创造领域有着重要作用，一些著名的科学家、艺术家由衷地给了直觉以最高的评价。如爱因斯坦说："我相信直觉和第六感觉。""直觉是人性中最有价值的因素。"未来派艺术大师玛里琳·弗格森说："如果没有直觉能力的话，人类仍然生活在洞穴时代。"丹麦物理学家玻尔说："实验物理的全部伟大发现都来源于一些人的直觉。"他还举例说："卢瑟福很早就以他深邃的直觉认识到原子核的存在。"法国著名数学家彭加勒说："教导我们　望的本领是直觉。没有直觉，数学家便会像这样一个作家：他只是按语法写诗，却毫无思想。"

当然，由于直觉思维的非逻辑性，它的结论常常是不可靠的，但我们不能因此而否定直觉思维的创新作用。著名物理学家杨振宁教授在谈到氢弹之父泰勒博士的讲课特点时曾说过这样一句话："泰勒的物理学的一个特点是他有许多直觉的见解，这些见解不一定都是对的，恐怕有 90% 是错误的。不过没关系，只要有 10% 是对的就行了。"

要学会"抓拍"灵感

有一位老师为了考考学生的快速应变思维能力，提了这样一个问题："空中两只鸟儿一前一后地飞着，你怎样一下子把它们都抓住？"

学生们你一言我一语地说：用大网、用气枪、用麻袋……说什么的都有，方法很多，但大家都感到这些方法难以达到目的。

老师的答案大大出乎学生的意料：

"照相机抓拍！"

用快速抓拍的方法，太妙了！瞬间就能留下永恒。

灵感作为人类最奇特、最具活力而又神秘莫测的高能创造性思维，有时就像那飞翔的鸟一样，突然闪现，又转瞬即逝。倘若毫无准备，就会无影无踪，而且在短期内不会重现，甚至在很长时间内也难以再现。这时就需要我们具备快速抓住灵感的能力，那就是学会"抓拍"灵感。

奥地利著名作曲家约翰·施特劳斯是一位"抓拍"灵感闪电的高手。一次，施特劳斯在一个优美的环境中休息，突然灵感火花涌现。当时他没有带纸，急中生智的施特劳斯迅速脱下衬衣，挥笔在衣袖上谱成一曲，这就是后来举世闻名的圆舞曲《蓝色多瑙河》。

创造学研究表明，所有智力和思维正常的人，随时随地都会有各种各样、大大小小的灵感在头脑中闪现，可是由于主人预先没有做好捕捉的准备，大量的灵感、创意、妙策、奇想、思想火花甚至惊人的发现，都在漫不经心、猝不及防、来不及捕捉与记录的情况下消失得无影无踪。

我国古代有位诗人，在寒冬之时，见到地上一望无际的白雪洁亮晶莹，遂有写诗的兴致。但是他没有立刻写出，他觉得时机尚未成熟，于是他自语道："吾将诗兴置于雪！"

这位诗人将诗兴埋了几个月，仍然一个字都没有写出来。等到春暖花开时，雪被太阳融尽了，诗人也没有了写诗的灵感，便自叹道："只怨烈日误我诗！"

我们每天都会有许多的念头起伏，而灵感同样会在我们心中不时浮现。要是我们因为懒惰或其他的什么原因而搁置灵感，不及时记下，也许就会像那位诗人，从下雪到雪融，任凭灵感消失。

为了避免产生灵感流失的遗憾，我们应该培养"抓拍"灵感的习惯。马上记录便是"抓拍"的一种方法。只要有点子出现就立刻记下，这些想法经过日积月累之后就会变成我们创意的资料库。中国台湾知名创作歌手陈升就有随手记下自己心情的习惯，即使是几个突然想到的旋律。陈升自己还透露，他曾经为了抄下几个绝佳的和弦，差点在十字路口被车撞，由此可见他是多么在乎随机产生的灵感。

既然我们已经注意到了灵感容易消逝，也开始了灵感思考，下面该做的就是准确地把想到的灵感记录下来。否则我们就会像大多数人一样，还没开始执行就忘光了。我们常常有这样的经历，早晨一醒来冒出一个好点子，等到了教室或办公室，却怎么也想不起来这点子是什么了。许多灵感是与周围环境息息相关的。一旦环境改变了，灵感也就不见了，所以要养成随手记录的好习惯。以下是一些记录灵感常用的方法：

（1）在床头或厨房里放一叠便笺。

（2）在浴室里放一支笔。

（3）在车里放一部小型录音机。

（4）随时在口袋里准备着笔记本或便笺。

（5）把点子记在每日必看的电视节目单上。

（6）用增进记忆的方法——以图画表述点子的主旨。

（7）给自己打录音电话。

（8）一时找不到纸就记在手腕上。

（9）一定要随身带笔，如果忘了，就要开动脑筋，例如利用沙滩上的沙、浴室镜子上的雾、仪表盘上的积灰等等来记录灵感。

学会了记录灵感的方法，当灵感像飞鸟般闪现时，我们便能迅速"抓拍"，让灵感在头脑中定格。

第10节 系统思维：1+1可以大于2

无论从哪方面而言，综合都是一种新的力量。人类正是拥有了综合的力量，才创造出今天多姿多彩的世界。系统思维要求我们在进行创新活动时用系统的眼光来审视复杂的整体，利用前人已有的创造成果进行综合，或取长补短，或整合优势。这种综合往往能创造出前所未有的新奇效果，形成更深一层的创新。当我们确确实实学会了"统领全局"，才算真正意义上掌握了用系统思维提升创新力的本领。

系统思维：整体与部分的辩证统一

系统思维也叫整体思维，是人们用系统眼光从结构与功能的角度重新审视多样化的世界的一种思维方式。

系统是由相互作用、相互联系的若干部分结合而成的，它是具有特定功能的有机整体。系统思维的核心就是利用前人已有的创造成果进行综合。这种综合如果产生了前所未有的新奇效果，那么就成了更深一层的创新。因此从某种意义上说，发明创造就是一门综合艺术。

系统思维是创造发明的基础。徐悲鸿大师的名作《奔马》，运笔狂放、栩栩如生，既有中国水墨画的写意传统，又有西洋油画的透视精髓，它是中国画和油画技法的辩证统一。我们买来的一件件成衣，是衣料、线、扣子等的统一；钢筋混凝土是钢筋和水泥的组合体；集团公司的产生、股份制的形成、连锁店的出现，都是综合的结晶。

系统思维是"看见整体"的一项修炼，它是一种思维框架，能让我们看到相互关联的非单一的事物，看见事物渐渐发展变化的形态而非瞬间即逝的片段。这种思维方法可以使我们敏锐地预见到事物整体的微妙变化，从而对这种变化制定出相应的对策。

在美国人民航空公司营运状况仍然良好的时候，麻省理工学院系统动力学教授约翰·史德门就预言其必然倒闭。果然不出所料，两年后这家公司就倒闭了。史德门教授并没有很多精确的数据，他只是运用了系统思考法对人民航空公司的内部结构进行了观察，发现这个公司组织内部一些因果关系还未"搭配"好，而公司的发展又太快了。当系统运作得越有效率，环扣得越紧，就越容易出问题，走错一步，满盘皆输。史德门之所以能够看出问题的本质，是因为他运用了整体动态思考方法，透过现象看到了问题的本质。

系统思维法是一种将各部分之间点对点的关系整合成系统关系的方法。在一般人的眼中，也许甲和乙是没有关系的独立个体，但是以系统思维法考察就会发现这两者是息息相关的有机整体，那么处理问题时就要将甲和乙全部纳入考虑范畴了。下面这个故事就是这样：

一次，"酒店大王"希尔顿在盖一座酒店时，突然出现资金困难，工程无法继续下去。在没有任何办法的情况下，他突然心生一计，找到那位卖地皮给自己的商人，告知他自己没钱盖房子了。地产商漫不经心地说："那就停工吧，等有钱时再盖。"

希尔顿回答："这我知道。但是，假如一直拖延着不盖，恐怕受损失的不止我一个，说不定你的损失比我的还大。"

地产商十分不解。希尔顿接着说："你知道，自从我买你的地皮盖房子以来，周围的地价已经涨了不少。如果我的房子停工不建，你的这些地皮的价格就会大受影响。如果有人宣传，说我这房子不往下盖是因为地方不好，准备另迁新址，恐怕你的地皮更是卖不上价了。"

"那你想怎么办？"

"很简单，你将房子盖好再卖给我。我当然要给你钱，但不是现在给你，而是从营业后的利润中分期返还。"

虽然地产商极不情愿，但仔细考虑，觉得他说得也在理。何况他对希尔顿的经营才能还是很佩服的，相信他早晚会还这笔钱，便答应了他的要求。

在很多人眼里，这本来是一件完全不可能做到的事——自己买地皮建房，但是出钱建房的却是卖地皮给自己的地产商，而且"买"的时候还不给钱，而是用以后的营业利润还，但是希尔顿做到了。

为何希尔顿能够创造这种常人无法想象的奇迹呢？就在于他妙用了一

种智慧——系统智慧。其中最根本的一条，是他把握了自己与对方不只是一种简单的地皮买卖关系，更是一个系统关系——他们处于利益共同的系统中。

从上面的例子我们可以看出：在系统思维中，整体与部分的关系是辩证统一的。整体离不开部分，部分只有在整体中才成其为要素。从其性能、地位和作用看，整体起着主导、统帅的作用。因此，我们在创新活动中观察和处理问题时，必须着眼于事物的整体，把整体的功能和效益作为我们认识和解决问题的出发点和归宿，这样我们才能更好地去创新。

系统可"牵一发而动全身"

《红楼梦》中冷子兴述说荣、宁二府时，便说"贾、史、王、薛"这四大家族互有姻亲关系，是一损俱损、一荣俱荣的。后来贾雨村依靠林如海的推荐，最终在贾政的帮助下谋得官职。

这是利用人际关系网办事的一个典型范本。一般情况下，事物间都是普遍存在关联性的。在系统思维的指导下，我们可以利用事物间的关联性分析问题、解决问题。

其实，不止人与人之间的关系是互有联系的网状结构，任何事物也都可以找到与其他事物的关联处。

比如炒股，股票的价格是受多方面因素影响的：国家政治格局、经济政策、企业发展、能源占有，等等。这些因素之间又存在着或多或少的联系，某一方面出现的一点点变动也许就可以影响甚至决定大盘的走向。所以在投资时，股民应利用这些因素与股价的关联性先进行判断，进而做出"买进"或"卖出"的决定。

我们知道了系统有这种关联性，有"牵一发而动全身"的效果，那么我们可适当牵好系统这根"发"，让事情朝着我们所希望的方向发展。

下面这个小故事中的老农就利用上下楼层之间的关联性制服了贪婪的地主。

老农向一位地主借了100枚金币。他请来几位朋友与家人一起辛辛苦苦地盖了一座两层楼房。

老农还没搬进新楼房，地主就企图把楼上那一层弄过来自己住，算是老农拿房子抵债。他对老农说："请把二层让给我住，我借给你的那 100 枚金币就算是抵消了。不然，请你马上还我钱。"

老农听了地主的话，显出很不情愿的样子，说道："地主老爷，我一时半会儿还不了您的钱，就照您的意思办吧！"

第二天，地主全家喜气洋洋地搬进了新房子的二楼。过了数日，老农请来几位朋友和邻居，大家一齐动手拆起一层的房子来。地主听见楼下有声音，跑下来一看，吃惊地叫道："你疯了吗，为什么要拆新盖的房子？"

"这不关你的事，你在家里睡你的觉吧！"老农一边拆墙一边若无其事地说。

"怎么不关我的事呢？我住在二楼，你拆了一楼，二楼不就塌下来了吗？"地主急得直跺脚。

"我拆的是我住的那一层，又没拆你住的那一层，这与你没什么关系。请你好好看住你那一层，可别让它塌下来压伤我或我的朋友。"老农说完，又高高地抡起了铁锹。

"请看在我们多年交情的分上，我们好好商量商量，把你的那一层也卖给我好吗？"地主无奈，只好放软口气。

"如果你真心实意想买，就请你给我 200 枚金币。"老农说道。

"你……你……"地主气得说不出话来。

"地主老爷，你不要吞吞吐吐，200 枚金币少一个子儿我也不卖，我是拆定了。"说着，老农又高高地举起了铁锹。

"别拆，别拆！我买，我买还不行吗！"地主只好拿出 200 枚金币买下了这所房子。

系统思维法充分利用了事物间的关联性，在既看到"树木"的同时，又能够看到"森林"，而且诸多要素之间是"牵一发而动全身"的关系。用好这种关系，我们就能创造性地解决问题。

在创新活动中，我们要学会从整体上把握事物，学会"牵一发而动全身"的系统思维方法。这样才能掌握系统创新的智慧，才能通过系统思维提升我们的创新力。

要学会"统领全局"

要运用好系统思维，就要学会"统领全局"，也就是要学会从全局把握事物及其进展情况。重视部分与整体的联系，才能很好地从整体上把握事物。

第二次世界大战期间，在伦敦英美后勤司令部的墙上，醒目地写着一首歌谣：

因为一枚铁钉，毁了一只马掌；

因为一只马掌，损了一匹战马；

因为一匹战马，失去一位骑手；

因为一位骑手，输了一次战斗；

因为一次战斗，丢掉一场战役；

因为一场战役，亡了一个帝国。

这一切，全都是因为一枚马蹄铁钉引起的。

这首歌谣质朴而形象地说明了整体的重要性，精确地点出了要素与系统、部分与整体的关系。

世界上任何事物都可以看成是一个系统，系统是普遍存在的。大至渺茫的宇宙，小至微观的原子，一粒种子、一群蜜蜂、一台机器、一个工厂、一个学会团体……都是系统。可以说，整个世界就是系统的集合。

系统论的基本思想方法告诉我们，面对一个问题时，必须将问题当作一个系统，从整体出发看待问题，分析系统的内部关联，研究系统、要素、环境三者的相互关系和规律性。

有一年，稻田里一片金黄，稻浪随风起伏，一派丰收景象。令人奇怪的是，就在这片稻浪中，有一块地的水稻稀稀落落、黄矮瘦小，与大片齐刷刷的稻田形成了鲜明的对照。

这是怎么回事呢？原来田地的主人急需用钱，就在这块面积为 1.5 公顷的田块上挖去 30 厘米深的表土，卖给了砖瓦厂，得了 1 万元。由于表面熟土被挖，有机质含量锐减，这年春季的麦苗长得像锈钉，夏熟麦子收成每公顷只有 1000 多千克。水稻栽上后，尽管下足了基肥，施足了化肥，可长势仍不见好。

有人给他算了一笔账，夏熟麦子少收 500 多千克，损失 400 元，而秋熟大减产已成定局，损失更大。今后即使加倍施用有机肥，要想使这块地恢复元气，至少需要 5 年时间，经济损失至少在 2 万元。这么一算，这块农田的主人叫苦不迭，后悔地说："早知道这样，当初真不应该赚这块良田的黑心钱。"

这位田地主人原本只是用土换钱，并没有看到表土与庄稼之间的关系，结果让他失去更多，需要花费更多的钱来弥补自己的损失。这就是缺乏系统眼光和系统思维的结果。

与之相比，"红崖天书"的破译却是得益于统领全局、把握整体。

所谓"红崖天书"，是位于贵州省安顺地区一处崖壁上的古代碑文。在长 10 米、高 6 米的岩石上，有一片用铁红色颜料书写的奇怪文字。文字大小不一，大者如人，小者如斗，非凿非刻，似篆非篆，神秘莫测。因此，当地的老百姓称之为"红崖天书"。近百年来，"红崖天书"引起了众多中外学者的研究兴趣，甚至有人推测这是外星人的杰作。据说，郭沫若等著名的学者也曾经尝试破译，但是一直没有定论。

直到上海江南造船集团的高级工程师林国恩发布了对"红崖天书"的全新诠释，学术界才一致认同。至此，这一"千古之谜"揭开了它的神秘面纱。

那么，非科班出身的林国恩是如何破译这个"千古之谜"的呢？林国恩于 1990 年了解"红崖天书"以后，对它产生了浓厚的兴趣，从此把全部业余时间放到了破译工作上。他祖传三代中医，自幼背诵古文，熟读四书五经，后来于 1965 年考入上海交通大学学习造船专业，业余时间坚持钻研文史、学习绘画。由于他是造船工程师，系统学习对他有很深的影响，使他掌握了综合看待问题的方法。这为他破译"红崖天书"打下了坚实的基础。

在长达 9 年的研究中，他综合考察了各个因素，查阅了 7 部字典，把"红崖天书"中 50 多个字从古到今的演变过程查得清清楚楚。在此基础上，他做了数万字的笔记，写下了几十万字的心得，还 3 次去贵州实地考察，为破译"红崖天书"积累了丰富的资料。

经过系统综合的考证，林国恩确认了清代瞿鸿锡摹本为"红崖天书"的真迹摹本；文字为汉字系统；全书应自右向左直排阅读；全书图文并茂，一字一图，局部如此，整体亦如此。从内容分析，"红崖天书"成书约在 1406 年，是明朝初年建文皇帝所颁发的一道讨伐燕王朱棣篡位的"伐燕诏檄"。全文直译为：燕反之心，迫朕逊国。叛逆残忍，金川门破。杀戮尸横，罄竹难书，大明日月无光，成囚杀之地。需降服燕魔，作阶下囚。

我们可以设想，如果不能将这些文字与其历史背景、文字结构、图像寓意结合起来，不能将它们作为一个整体去考察、去把握，恐怕"红崖天书"到现在也还是一个谜。

由此我们可知，问题的内部不仅存在关联，外部环境也同样产生作用。我们必须将两者分开进行观察，然后再按照系统的模式来进行分析。

当我们学会了系统思维，学会了统领全局，能够以一个整体的眼光去看问题的时候，相信在今后的创新活动中我们就可以更容易地把握和处理问题了。

取长补短的创新方法综合

方法综合是系统思维法的一种，它指导我们吸取别人的长处、弥补自己的短处即取长补短。这是人类创新史上流传下来的珍贵的智慧财富。

1764 年哈格里夫斯发明的珍妮纺纱机，由 1 个纺锤改为 80 个纺锤，大大提高了纺纱的效率。然而，用这种机器纺出来的纱虽然均匀，但很不结实。1768 年阿克顿特发明了水力纺纱机，效率提高了，纺出来的线也结实了，但纺出来的线很不均匀。1779 年青年工人克隆普敦把哈格里夫斯和阿克顿特两个纺车的技术长处加以综合，设计出一个纺线既结实又均匀的纺纱机，有三四百支纱锭，效率更进一步的提高。为了纪念两种纺车的结合，他将机器起名为"骡机"。马克思对此给予了很高的评价："现代工业中一个最重大的发明——自动骡机，推动了英国的纺织技术革命。"

下面骡鸭的诞生也是创新方法综合的结果：

日本广岛的家畜繁殖名誉教授渡边守之和中国台湾的学者一起成功地培育出比普通鸭重两倍并且肉味鲜美的新型大鸭种。它们是北京鸭和南美的麝香鸭交配而成的。

他们分析北京鸭的特点是：体重轻、肉味鲜美。

麝香鸭的特点是：体重重，有四五千克，但有一种怪味。

特点分析出来以后，利用取长补短的方法，他们经过多次试验，培育出一种新型骡鸭。这种骡鸭体格健壮、生长迅速、肉味鲜美，公、母鸭体重均在 4000 克左右，没有繁殖力。

　　将两种或多种事物的要素进行系统、深入地分析，找到各自的优点和缺点，就能够做到创新的方法综合。

　　爱迪生发明的电影窥视箱是一种只能让一个人观看的活动电影箱，其影像的大小和位置一致。法国路易斯·卢米埃尔发明的电影放映机能让许多人同时观看，但影像的大小和位置不一致。后来，爱迪生看到卢米埃尔的电影放映机的长处，就把个人观看的窥箱机改为大众观看的放映机。同样，卢米埃尔吸取了爱迪生窥视箱胶片的特点，采用每秒 16 张画的放映频率，在 35 毫米宽的胶片两边每格画幅打 4 个矩形齿孔，使胶片能在齿轮带动下均匀地通过机器，映出大小和位置一致的影像。这比他原来的画格两边只有一对圆形片孔的间歇式抓片机构要稳定得多。他们相互取长补短的创新方法使现代化电影工艺趋向统一，无声电影也由此诞生。

　　方法综合要求我们在观察事物时不能孤立地看待一个个体，见"木"更要见"林"，努力从其他事物中寻找该事物不具备的优点，积极地将两者进行整合，扬长避短，最终达到创新。

第 11 节 类比思维：
类比是创新的捷径

天文学家开普勒曾经说过："类比是我最可靠的老师。"类比思维是一种很重要的创新思维。类比思维法是根据两个对象在一系列属性上的相同或相似，由其中一个对象推测另一个对象的思维方法。这种思维富有创造性，能将我们带入完全陌生的领域，给予我们许多启发。类比是创新领域的引路者。

类比是创新领域的引路者

类比思维法就是根据两个对象在一系列属性上的相同或相似，由其中一个对象具有某种其他属性，推测另一个对象也具有这种其他属性的思维方法。由这种方法所得出的结论虽然不一定可靠、精确，但富有创造性。它能将人们带入完全陌生的领域，给予人们许多启发。所以说，类比是创新领域的引路者。

类比思维在创新和解决问题的过程中具有很大的指引作用，得到了科学家、思想家们的高度评价。

天文学家开普勒说："类比是我最可靠的老师。"

哲学家康德说："每当理智缺乏可靠论证的思路时，类比这个方法往往能指引我们前进。"

日本学者大鹿让认为："创造联想的心理机制首先是类比……即使人们已经了解到了创造的心理过程，也不可能从外面进入类似的心理状态……因此，为了给创造活动创造一个良好的心理状态，得采用一个特殊的方法，就是使用类比。"

　　瑞士著名的科学家阿·皮卡尔就是运用类比思维法创造了世界上第一个自由行动的深潜器。

　　皮卡尔是位研究大气平流层的专家，他设计的平流层气球曾飞过15690 米的高空。后来他又把兴趣转到了海洋，研究海洋深潜器。尽管海和天完全不同，但水和空气都是流体。因此，皮卡尔在研究海洋深潜器时，首先就想到利用平流层气球的原理来改进深潜器。

　　在这以前的深潜器，既不能自行浮出水面，又不能在海底自由行动，而且还要靠钢缆吊入水中。这样，潜水深度将受钢缆强度的限制。钢缆越长，自身重量就越大，也就容易断裂，所以过去的深潜器一直无法突破2000 米大关。

　　皮卡尔由平流层气球联想到海洋深潜器。平流层气球由两部分组成：充满比空气轻的气体的气球和吊在气球下面的载人舱。利用气球的浮力，可以使载人舱升上高空。如果在深潜器上加一只浮筒，不就像一只"气球"一样可以在海水中自行上浮了吗？

　　于是，皮卡尔和他的儿子小皮卡尔设计了一只由钢制潜水球和外形像船一样的浮筒组成的深潜器，在浮筒中充满比海水轻的汽油，为深潜器增加浮力；同时，在潜水球中放入铁砂作为压舱物，使深潜器沉入海底。如果深潜器要浮上来，只要将压舱的铁砂抛入海中，就可借助浮筒的浮力升至海上；再配上动力，深潜器就可以在任何深度的海洋中自由行动，这样就不需要拖上一根钢缆了。经过改进的深潜器第一次试验下潜到 1380 米深的海底，后来又下潜到 4042 米深的海底。皮卡尔父子设计的另一艘深潜器理雅斯特号能够下潜到世界上最深的洋底——10916.8 米，成为世界上潜得最深的深潜器。皮卡尔父子也因此获得了"上天入海的科学家"的美名。

　　类比思维法在运用时要寻找事物的相似点，并且要对"相似点"保持敏感，以达到触类旁通的目的。

　　医生常用的听诊器的发明就源于类比思维的运用。

　　一个星期天，法国著名医生雷内克瓦带着女儿到公园玩。女儿要求爸爸跟她玩跷跷板，他答应了。玩了一会儿，医生觉得有点累，就将半边脸贴在跷跷板的一端，假装睡着了。女儿见父亲的样子，觉得十分开心。突然，医生听到一声清脆的响声，睁眼一看，原来是女儿用小木棒在敲跷跷板的另一端。这一现象立即使医生联想到自己在医疗中遇到的一个问题：当时医生听诊采用的方式是将耳朵直接贴在患者有病部位，既不方便也不科学。医生想：既然敲跷跷板的一端，另一端就能清晰听到。那么，是不是也可以通过某样东西，使病人身体某个部位的声响让医生能够清楚地听见呢？

雷内克瓦用硬纸卷了一个长喇叭筒，大的一头靠在病人胸口，小的一端塞在自己耳朵里，结果听到的心音十分清楚。世界上的第一个听诊器就这样产生了。后来，他又用木料代替硬纸做成了单耳式的木制听诊器，后人又在此基础上研制了现代广泛应用的双耳听诊器。

类比思维法是解决问题的一种常用策略，它能带领我们走进一片创新领域，教我们运用已有的知识、经验将陌生的、不熟悉的问题与已经解决的、熟悉的问题或其他相似事物进行类比，从而解决问题。掌握类比思维，我们就多了一种提升创新力的思维武器。

寻找直接相似点

寻找直接相似点是直接类比的主要内容。直接类比是从自然界或者已有的发明成果中，寻找与发明对象相类似的东西，通过直接类比创造新的事物。

比如，谷物的扬场机是直接类比人工扬场方式得来的；医学上用于叩击病人的腹部来诊断是否有腹水的"叩诊法"，是直接类比酒店里的叩击酒桶发出的声音来判断量的多少得来的。

运用直接类比法进行的发明创造还有：

(1) 利用石头刃：石刀、石斧。

(2) 鱼骨：针。

(3) 茅草边：齿锯。

(4) 鸟飞：飞机。

(5) 照相机照出照片：电影。

(6) 鱼游：潜水艇。

(7) 原子裂变：原子弹、原子能电站。

(8) 蛋：薄壳仿蛋屋顶。

(9) 大规模集成电路技术：微型计算机。

(10) 收音机、录音机：收录机。

（11）太阳能电池：太阳能发电站、太阳能收音机、太阳能手表、太阳能计算器、太阳能自行车、太阳能汽车。

（12）树叶的结构：伞。

（13）梳子垫在剪子下剪头发：安全剃须刀。

生活中，人们可以使自己有意识地进行类比。当要创造某一事物而又思路枯竭的时候，我们就可通过类比法，从自然界或人工物品中直接寻找与创造对象、目的类似的对应物，这样会更容易获得成功。

美国有个叫杰福斯的牧童，他的工作是每天把羊群赶到牧场，并监视羊群不越过牧场的铁丝栅栏到相邻的菜园里吃菜。

有一天，小杰福斯在牧场上不知不觉睡着了。不知过了多久，他被一阵怒骂声惊醒了。只见老板怒目圆睁，大声吼道："你这个没用的东西，菜园被羊群搅得一塌糊涂，你还在这里睡大觉！"

小杰福斯吓得不敢说话。

这件事发生后，机灵的小杰福斯想，怎样才能使羊群不再越过铁丝栅栏呢？他发现，那片有玫瑰花的地方并没有牢固的栅栏，但羊群从不过去，因为羊群怕玫瑰花的刺。"有了，"小杰福斯高兴地跳了起来，"如果在铁丝上加上一些刺，就可以挡住羊群了。"

于是，他将铁丝剪成 5 厘米左右的小段，然后把它结在铁丝上当刺。结好之后，他再放羊的时候，发现羊群起初也试图越过铁丝网去菜园，但每次被刺疼后都惊恐地缩了回来。被多次刺疼之后，羊群再也不敢跨越栅栏了。

小杰福斯成功了。

半年后，他申请了这项专利，并获批准。后来，这种带刺的铁丝网便风行世界。

直接类比法是类比思维中最常运用的一种方法。它虽然简单，但起到的创造性作用很大，在各个领域均可应用。

在提升创新力的思维活动中，我们应该多尝试直接类比法。

非同类事物间接对比

非同类事物间接对比的方法叫作间接类比法，它的作用是用非同一类事物类比产生创造。在现实生活中，有些创造缺乏可以比较的同类对象，这时就可以运用间接类比法。

比如空气中存在的负离子，可以使人延年益寿、消除疲劳，还可辅助治疗哮喘、支气管炎、高血压、心血管病等，但负离子只有在高山、森林、海滩湖畔处较多。后来通过间接类比法，人们创造了水冲击法产生负离子，之后又吸取冲击原理，成功创造了电子冲击法，这就是现在市场上销售的空气负离子发生器。

间接类比法在生活中常常能激发出许多创造性的想法。

斐塞司博士有一天午饭后坐在门前晒太阳，同时他发现有一只猫在阳光下安详地打着盹，很是悠闲。并且每隔一段时间，猫都会随着阳光的转移而不停地变换睡觉的场地。这在我们看来是司空见惯的情景，却引起了斐塞司博士的好奇。

猫为什么喜欢待在阳光下呢？

猫喜欢待在阳光下，这说明光和热对它一定是有益的。那对人呢？对人是不是也同样有益？这个想法在斐塞司的脑子里闪了一下。

这个一闪而过的想法成为闻名世界的"日光疗法"的触发点。之后不久，日光疗法便在世界上诞生了。斐塞司博士也因此获得了诺贝尔医学奖。

猫趋近阳光，是因为晒太阳对它的身体有益。那太阳对人的身体是否有益呢？正是运用非同类事物间接对比的方法，从猫想到人，才有了今日的"日光疗法"。

间接类比法通常并不是首先明确创造的目的，而是首先发现了某事物具有很值得借鉴的特点，然后再去寻找或创造有什么东西可以与之对应。

走路时不小心踩到香蕉皮上，很容易滑倒。这是很多人习以为常的一种现象。20 世纪 60 年代，一位美国学者却对这一现象产生了浓厚兴趣。他通过显微镜观察，发现香蕉皮是由几百个薄层构成的，层与层之间很容易产生滑动。他突然想道："如果能找到与香蕉皮相似的物质，则可作为很好的润滑剂。"最后，他发现二硫化钼与香蕉皮的结构十分相似。经过再三实验，一种性能优良的润滑剂被制造出来了。

采用间接类比法可以扩大类比范围，使许多非同一性、非同类的行业由此得到启发，从而开拓新的领域。

非同类事物间接对比法是我们提升创新力应该学习的方法。

根据形状进行创造

根据形状进行创造是指形状类比法，它是根据某一原型的外形结构类推出与此结构、形象相仿的创造物，从而实现创新的方法。

下面的发明创造就运用了形状类比法：

模仿昆虫复眼结构，将许多小的光学透镜有规则地排列起来制成光学元件——复眼透镜。用它做镜头制成的"复眼照相机"，一次能照出千百张相同的照片。

1903 年，莱特兄弟制造出了飞机，但他们不知道怎样使飞机在空中拐弯时保持飞机的平稳。他们想：这种现象在鸟儿那里是怎样处理的呢？于是他们仔细观察了老鹰的飞行，发现老鹰在转弯时，羽翼可以弯折。这下找到了问题的症结点。他们仿照老鹰的羽翼，制造了后面可以弯折的机翼，这就是现代飞机机翼的原型。

形状类比在其他领域也发挥着重要的作用。如果你仔细观察过可口可乐瓶子，是否觉得它的形状很像一位小女孩的裙子？那么，它是怎样诞生的呢？

美国有一位叫鲁托的制瓶工人，有一天他与女友约会，女友穿的裙子十分优雅。突然，鲁托灵感一闪，想到了一个好的设计：女友的裙子因为膝盖上部分较窄，腰部显得很有吸引力。如果把玻璃瓶设计成女友的裙子那样，一定也会大受欢迎的。他经过反复试验和改进，最后制造出这样一种瓶子：握住瓶颈时，没有滑落的感觉；瓶内所装的液体，看起来比实际的分量多，而且外观别致优美。

鲁托设计的玻璃瓶被可口可乐公司看中，最后以 600 万美元买下了这项设计的专利。鲁托这位穷工人因善于发现机遇，很快成为百万富翁。而可口可乐公司自从 1923 年买下这项专利后，至今仍使用这种玻璃瓶，它有力地促进了可口可乐的销售。

无独有偶，吉列刀片的创造源于耕地用的耙子的形状类比。

"掌握全世界男人的胡子"的吉列保安剃刀公司的创始人金·吉列曾是一家小公司的推销员。一天早上，吉列刮胡子时，由于刀磨得不好，刮得很费劲，脸还被划了几道口子。懊丧之余，吉列盯着剃刀，产生了创造新型剃须刀的念头。于是他对周围的男性进行调查，发现他们都希望有一种新型的剃须刀，他们的基本要求包括安全、保险、使用方便、刀片随时可换等。这样，吉列就开始了他开发剃须刀的行动。

这种新型剃须刀该是什么样的呢？吉列苦思冥想。

由于没能冲破传统习惯的束缚，新发明的剃须刀的基本构造总是脱不掉老式长把剃须刀的局限。怎么办呢？吉列绞尽脑汁，还是一时不得要领。

一天，他望着一片刚收割完的田地，看到一位农民正轻松自如地挥动着耙子修整田地。一个新思路出现在吉列的脑海里。他心想，对！新剃须刀的基本构造就应该同这耙子一样，简单、方便、运用自如。

形状类比法是类比思维中一种十分有效的创新方法，掌握这种方法，对提升我们的创新力有很大的帮助。

学习形状类比法，需要我们在生活中仔细观察事物的形状结构，将其构造与我们的研究对象相结合，创造出与原有事物形状相似的物品。当然，这也需要我们具有敏锐的视觉，不放过任何一个可以用来类比的对象。

依据相似的功能进行类比

功能类比是根据人们的某种愿望或需要类比某种自然物或人工物的功能，提出创造具有近似功能的新装置的发明方案，例如"抗荷服"的发明。

长颈鹿的脖子很长，从大脑到心脏有 3 米远。因此它的血压很高，否则不能将心脏的血"压"上 3 米高的脑部，以保证大脑不致缺血。但是，当长颈鹿低头喝水时，心"高"头"低"，心脏的血会猛烈冲击脑部。但此时，长颈鹿却照样无恙。

原来，长颈鹿身上裹着一层厚皮。当它低头喝水时，厚皮就自动收缩，箍住血管，从而限制了血液的流速，缓解了脑血管的压力。

科学家模拟长颈鹿的皮肤原理，制成"抗荷服"，用于保护飞行员。当飞机加速时，"抗荷服"可以自动压缩空气、压迫血管，从而限制飞行员的血液流速，防止其"脑失血"。

功能类化创新方法应用范围比较广，它不只是科学家的专利，每一个人也都能够运用。

我国某机械厂工人廖基程在厂里劳动时看到，大部分精密零件的加工都需要用手操作。为了防止零件生锈，工人必须整天戴手套，而且手套还必须套得很紧，手指头才能灵活弯曲。这样，不但戴上、脱下相当麻烦，手套还很容易弄坏。他常想：难道只能戴这样的手套吗？能不能想个办法改进一下呢？有一天，他在帮助妹妹做纸手工艺品时，手指上沾满了糨糊。糨糊很快干了，变成了一层透明的薄膜，紧紧地裹在手指上。他当时就想："真像个指头套，要是厂里的橡胶手套也这么方便就好了！"后来他又想起，小时候曾在雨后的泥泞路上行走，不小心滑倒了，双手沾满了泥污，干了以后也像戴了泥手套似的。

过了不久，有一天清早醒来，他躺在床上，眼睛望着天花板，头脑里突然想到：可以设法把手浸在一种像糨糊一样的液体里，干了以后就让手上沾的液体成为手套；不需要它时，手浸在另外一种液体里，泡一下就让它褪掉。这不比戴橡胶手套方便得多吗？他将自己的这一设想向公司汇报后，公司成立了一个研究小组，廖基程也从生产车间调到了这个组里。经过反复研究、试制，他们终于发明了"液体手套"。使用这种手套，只需将手浸入一种化学药液中，就能在手上覆盖一层透明的薄膜，像真的戴上了手套一样，而且它比任何一种手套都柔软、舒适、富有弹性。不需要它时，把手放进水里泡一下，就能完全化掉。

与此相似，一位技术人员利用功能类比创造了使油漆易脱落的方法。

如何才能比较容易地清除掉旧家具或墙壁上的油漆呢？这曾经是一个不容易解决的难题。一次，一家化学公司的技术人员在一起讨论这个问题。大家查文献、找资料，先后提出许多办法，但结果不是不恰当，就是行不通。有个工程师在思考的过程中走了神，他回忆起儿时的情景，想到了小时候同小伙伴一起放鞭炮，导火绳一点燃，噼里啪啦地响上一阵，裹在鞭炮上的纸被炸得四处飞舞。这时，他头脑里突然冒出一个想法：是不是也可以在油漆里放点炸药，当需要油漆脱落的时候把油漆炸掉呢？他把这个想法在会上提了出来。大家听后都笑了，这不分明是小孩子天真幼稚的想法吗？

然而，这位工程师并没因为大家的讥笑而放弃自己的想法。他沿着这条思路不断探索、不断试验，终于发明了一种可以加进油漆中的添加剂。把这种添加剂加在油漆里以后，它不会引起油漆变质。可是当它接触到另一种添加剂时，便会马上起作用，使油漆从家具或墙壁上掉得干干净净。

放鞭炮和除油漆从表面上看是风马牛不相及的事情，但运用功能类比法，就会发现鞭炮与添加剂的功能是相通的。只要添加剂用得恰当，就能够达到预期的效果。

功能类比与其他类比方式相比，为我们的思考方式打开了另一扇门。而且，随着现代科学技术的出现，功能类比法会得到更大的发展。正如控制论发明人维纳所言："把生命机体与机器进行类比的工作，可能是当代最伟大的贡献。"运用好功能类比法，我们的创新力一定会得到质的飞跃。